文系でもよくわかる

世界の仕組みを物理学で知る

松原隆彦

山と溪谷社

はじめに

みなさんは物理学に対してどんなイメージをもっているだろうか。残念ながら、学生時代に苦手、難しい、楽しくないといったイメージを植え付けられ、大人になってからも縁遠いまま過ごしている人は少なくないだろう。

しかし、物理学を専門としている身としては、とてももったいないと思う。誤解を恐れずに言えば、物理学を知っていると、見える景色が変わり、世界が変わる。

遠く遡れば、コペルニクスが地動説を唱え、ガリレオが金星の満ち欠けの変化などからそれを支持したことで、人々が思う世界はがらりと変わった。

ニュートンは、リンゴが木から落ちる様子を見て万有引力の法則を見つけたといわれるが、ニュートンの発見によって、あらゆる物には引き合う力が働いていることがわかった。

さらに、アインシュタインが発見した相対性理論で、引き合う原因は時空間のゆがみであることが判明した。時間も空間もいつも変わらず一定にあるものではなかったのだ。まさに常識が覆された瞬間だ。

私が専門とする宇宙物理学では、宇宙全体がどうなっているのかを調べていく先に、１３８億年前の宇宙初期のことが判明したりする。そもそも現代の高度な望遠鏡を使って遠くの宇宙を見れば、遠ければ遠いほど光が届くまでにかかる時間が長くなるので、それだけ過去の宇宙を見ることになる。光の速さは1秒で地球を7周半も回るほどのスピードだが、現代の観測技術をもってすれば、１００億年以上も昔から届いた光を直接見ることができる。私たちが肉眼で見ている星だって、実は遠くからやってきている光なので、１００年も１０００年も前の星の輝きである。そう考えると、ますます星が美しく見えるのではないだろうか。

光というのもおもしろい存在で、私たちが見ているものは、結局は光だ。その物自体を見ているようで、本当のところは、物が反射する光を見ている。

物理学がわかれば（といっても難しい計算までわからなくてもいい）、世の中はもっと深くも、細かくも、広くも、美しくもなる。そのことを、この本を通して一人でも多くの人に味わっていただけたならば、筆者としてこれほどうれしいことはない。

文系でもよくわかる 世界の仕組みを物理学で知る【目次】

7章 意識が現実を変える？——量子論の世界——……157

おわりに——この宇宙は、人間が生まれるようにできている？……202

1章

物理学で世界の見方が変わる

01 物理学者がウォール街で活躍している⁉

非現実的な状況設定のもと、わけのわからない計算をさせられる――。

物理に対してそんな印象を持っている人は少なくないだろう。

では、「物理学を使って株価の動きを予測できる」と聞いたら、どうだろうか。

これまで物理に関心のなかった人も、興味をそそられるのではないだろうか。「本当にそんなことができるのか」と思うかもしれないが、実際に実践して大きな成功を収めている集団がある。

その代表が、1982年にジェームズ・シモンズが創設した投資会社ルネッサンス・テクノロジーズ（以下、ルネッサンス）だ。ルネッサンスがユニークなのは、金融や経済にバックグラウンドをもつ人材を一切雇っていないこと。100人以上いるといわれる社員の多くは、物理や数学、統計学などの博士号をもつ研究者であり、シモンズ自身、著名な数学者であり、物理学者である。

シモンズは、マサチューセッツ工科大学（MIT）で数学の学士課程、修士課程を修了した後、カリフォルニア大学バークレー校の物理学の博士課程に移り、ハーバード、MITで教鞭を執った後、国防省の非営利研究団体で暗号解読の研究をしていた。ところが29歳のとき、上層部の意向に反し、ベトナム戦争に反対する態度を示したところクビになり、ニューヨーク州立大学ストーニーブルック校の数学科に移り、そこで、数学者のチャーンとともに「チャーン・シモンズ理論」と呼ばれる偉大な理論を打ち出した。

これは、のちに物理学の世界で「ひも理論（物質を構成する最小単位である素粒子は点ではなく、弦〈ひも〉であるという仮説に基づいた理論）」に応用され、シモンズはアメリカ数学界から贈られる最も栄誉ある賞のひとつ、オズワルド・ヴェブレン幾何学賞を受賞している。いずれにしても、シモンズは世界有数の数学者であり物理学者だった。

そんなシモンズが、金融の世界に足を踏み入れたのが30代も終わりの頃。ルネッサンスを設立したのが、40代半ばだ。

ルネッサンスが金融や経済の専門家を雇用しないのは、人の主観や経験に基づく判断は正しいこともあれば間違うこともあるからだという。その代わり、優秀な物理学者や数学者、統計学者を集め、あらゆるデータから予測モデルを作り、モデルの改善を繰り返しながら、短期間に高頻度の取り引きを行うことで、驚異的なパフォーマンスを保っている。ルネッサンスは、主力ファンドの「メダリオン」の年平均リターンが40％近くあり（100万円投資したら140万円になるということ）、立ち上げから10年間で2478・6％もの収益率を上げたという。

物理学者や数学者、統計学者などを雇って、膨大なデータから市場動向を定量的に分析する手法で、市場で莫大な利益を上げてきたのはルネッサンスだけではない。高性能なコンピューターと高度な数理モデルをもとに投資戦略を考える手法、あるいはその専門家のことを「クオンツ」と呼ぶ。

1980年代に宇宙開発費の削減などの影響でNASAの科学者たちがロケット開発から離れ、ウォール街の金融会社や証券会社に転職し、最先端の物理学を金融に取り入れたのがはじまりだそうだ。その後、ウォール街で多くのクオンツが活躍するようになり、2000年前後から、クオンツ運用を主な戦略とするヘッジファンド、クオンツ・ファンドが台頭してきた。

とはいえ、クオンツ運用も万能ではない。2007年8月には、それまではうまく機能していたモデルが突如うまくいかなくなり、クオンツ・ファンドが総崩れしたクオンツ危機が起こった。しかし、このクオンツ危機においても、ルネッサンスの主力ファンドであるメダリオンは70％強という高いリターンを上げたそうだ。

さらに翌年に起きたリーマン・ショックでも、ヘッジファンドや投資会社が軒並みダメージを受けたなか、メダリオンは、80％ものリターンを上げたといわれている。

ちなみにシモンズは、すでに引退したそうだが、2016年にはヘッジファンドのマネージャー報酬ランキングで、16億ドル稼いだとして、堂々の1位にランクイン。過去10年間、常に10位以内をキープしている。

まとめ

◉物理学者や数学者などを集め、データ分析から導き出されたモデルをもとに投資戦略を考える「クオンツ運用」で高いリターンを上げ続けている投資会社がある

02 本当に、物理学で株価は予測できるのか

では、ルネッサンスは物理学をどう応用し、成功したのだろうか。

最初に断っておかなければならないが、実際のところどうやって予測しているのかはルネッサンスの関係者以外は誰も知らない。離職率は非常に低く、退職した者も決して口外しないらしい。当然、私も本当のところはわからない。秘密のベールに包まれたままだ。だから、ここからは「物理学を使って株価を予測できるとしたら」という私の推論にすぎないことをご了承いただきたい。

「物理学で株価を予測する」と聞いて、私がまずイメージするのは、「熱力学」だ。熱とは何かと言えば、運動エネルギーであり、粒子がバラバラに運動するということ。水を熱すれば、温度が上がり、水分子一つひとつの運動が激しさを増す。この「ランダムに物が

動く」ところが、株価の動きに似ている。

ちなみに、熱や温度を細かい粒子の動きから説明できることがわかったのは、1900年頃のこと。それまでは、そもそも原子の存在が明らかになっていなかった。

原子があるとはっきりとわかった1900年頃以来、粒子の動きで熱の性質を説明することがはじまった。それまでは「熱というのは何だかわからないが温かいところから冷たいところに流れる」といわれていたのが、「粒子一つひとつの運動であって、細かい運動の結果として熱が流れたり熱が発生したりする」と説明できるようになった。これを最初に詳しく研究したのがボルツマンという人だ。

ここで、ある空間で、粒子はバラバラに動いているが、もしも空間のなかに冷たいところと温かいところがあった場合、温度が高いところでは粒子の動きが速くなり、温度が低いところでは遅くなる。一方で、温度がすべて一定であれば、粒子はどこでも同じような動きをする。

つまり、温度が違うほうが、温度が一定な場合に比べて、粒子の動きに〝傾向〟が出るわけだ。言い換えるなら、ランダムさが少なくなる。温度の違いという情報があるほうが、ランダムさは小さくなる。逆にまったくのランダムだと情報がなくなる。

たとえば、温かいお湯と冷たい水を混ぜると、ぬるま湯になる。でも、すでにぬるま湯になったものを温かいお湯と冷たい水に分けることはできないし、もともとどのくらいの温度のお湯と水だったのかという情報も失われる。

こうした、どのくらいランダムか、情報がないかということを、物理学では「エントロピー」と呼ぶ。エントロピーとは、簡単に言えば、「乱雑さ」を表す物理量だ。エントロピーが高いほど、ランダムで情報がない。逆にエントロピーが低いほど、情報をもつ。

このエントロピーという概念は、情報というものを客観的に測れるものとして取り扱おうとする「情報理論」においても有益だ。情報理論におけるエントロピーは、情報のあいまいさ、予測しにくさを意味する。そして、情報がどれほど予測しにくいか、予測しにくさがどう変化していくかといったことも、熱と同じように計算することができる。こうしたエントロピーという考え方も、株価の予測に使われているのではないだろうか。

また、熱力学から発展した「統計力学」という分野がある。たとえば、2つの粒子があるときに、「この粒子はどう動きますか」という問題は、物理法則を当てはめれば簡単に解くことができる。しかし、３つ集まると途端に難しくなり、１００個、２００個となると、お手上げ状態になる。

たくさんの粒子がそれぞれに運動しているなか、一つひとつの細かい動きを追うのではなく、たくさんのものの平均的な性質を求め、全体としてどうなっているのかを明らかにしようというのが、統計力学だ。こうした統計力学の考え方も、株価の予測に有用だろう。

株価の動きはほとんどランダムだといわれる。というのは、その時点で予測できることはすべて予測され、世の中に出回っているすべての情報は、すでに株価に含まれているはずだからだ。でも、本当にランダムであれば予測はできないため、コンスタントに勝つことはできない。だから、ランダムではない要素が必ずどこかにあるはずだ。

ルネッサンスでは、コンピューター上でものすごく短いスパンでトレードを行っているといわれるので、細かい株価の動きのなかに何らかの情報があり、相関があるのかもしれない。実際、株価は、1秒ごとどころか、１００分の1秒単位で動く。一見、まったくのランダムに思える動きのなかから次の動きを予想するときに、物理学の理論が使われるのだろう。確率論と言えば確率論だが、細かい一つひとつの動きが正確に分からなくても、全体としては統計力学の概念が使えるのではないだろうか。

さらには、ランダムななかに法則性を見つけるという視点は、7章で紹介する量子力学（量子のふるまいを扱う理論）にも通じるものがある。

やや大雑把な話にはなったが、物理を使って株価を予測すると聞いたときに思い浮かぶイメージはこうしたものだ。あくまでも推測なので、実際はまったく違うかもしれない。そもそも実際の手法がわかれば、私は億万長者になっているはずだが、今のところ、その予定はない。いずれにしても、物理学（や数学、統計学など）を武器に金融の世界で大きな成功を収めている集団があることは事実だ。そして、彼らの登場によって、金融の世界は大きく変わった。

まとめ

◉株価を予測する本当の方法はわからないが、熱力学やエントロピーという概念、統計力学、量子力学などが応用されているのではないだろうか

03 真実はひとつとは限らない？量子論が教えてくれる奥深さ

「物理学で物の見方が変わる」と聞いて、私自身が真っ先に思い出すのは大学で量子論を勉強したときのことだ。自然界の奥深さに触れた思いがした。

量子論については7章であらためて紹介するが、原子や素粒子といった私たちの目には見えないミクロな世界では極めて不思議なふるまいが行われている。

たとえば、「今朝、家から駅まで歩くのに、どの道を通って行きましたか？」と聞かれれば、答えはひとつしかない。家から駅までのルートには複数の選択肢があるにしても、そのとき実際に通った道は必ずひとつだ。

ところが、ミクロな世界ではそうはいかない。A地点にあったとても小さな粒子が移動して、B地点で見つかったとしよう。その移動過程を観測していなかったとすれば（観測しているかどうかも、実は重要だ）、どこを通って移動したのかは決してわからない。

本当はどこを通ったか決まっているのに、あまりにも小さいために観測ができないとか、私たちが知ることができないのではなく、原理的にわからないのだ。観測されていない間、可能なすべてのルートを同時に通った、可能な行動すべてを仮想的に行っていたというほうが正しい。つまり、ミクロな世界では真実はひとつではないのだ。

さらに言えば、未来もひとつではない。これは、もしかしたら当たり前のように感じるかもしれない。しかし、量子論以前の物理学では、あらゆる物の動きはニュートン力学で完全に予想できると考えられていた。どんな力を受ければどんな動きをするのかを表したのが、ニュートン力学だ。

そのため、この世の中にあるすべての物の状態を正確に知っているものがいれば、未来はすべて完全に予測できるだろうという考え方まであった。というよりも、そう考えるほうが、当時の物理学者の間では一般的だった。つまりは、未来はすでに決まっているということだ。このすべてを知っていてすべての未来を完全に予測するもののことを、提唱者の名前にちなんで「ラプラスの魔物」という。

私自身も、物理学の本を読みかじっていた中学生の頃は、未来は決まっていて物理学を使うと未来はすべて予言できるんだという考えにとらわれていた（読者のみなさんにとっては、そう思うほうが不思議かもしれないが）。いろいろな現象が起こる理由を明確に教えてくれる物理学をおもしろく感じる一方で、「今の自分は未来を知らないだけで、未来は決まっていて、自分が10年後に何をしているのかも決まっているんだ……」と思い、なんとも味気ない気分になることがあったのだ。

でも、量子論を学ぶと、世の中はそう単純でも、そんなにつまらないものでもないことがわかってきた。A地点で見つかった粒子が次にどの地点で見つかるのかを完全に予測することは決してできない。これも「知らない」「わからない」のではなく、原理的に「できない」のだ。

サイコロの目であれば、サイコロを投げるときの向きや速さを詳細に把握すれば、どの目が出るか、予測することができる（ちなみに、そうした方法をカジノのルーレットで試そうとした物理学者もいる）。

しかし、ミクロの世界では、A地点で見つかった小さな粒子は、可能な行動すべてを行っているると考えられるため、その後、B地点で見つかることもあれば、C地点で見つかることも、D地点で見つかることもある。未来はひとつではないのだ。

未来にはいろいろな可能性があって、そのときの自分の行動でまったく別の方向に進むことができる——。直感的にはそう思うだろうが、量子論を学ぶことで、そう学問的にも裏づけられた気がした。この宇宙というのは決まりきったことが淡々と行われているのではなく、もっと自由に未来は決まる。私にそう教えてくれ、未来に明るい光を照らしてくれたのが量子論だ。

まとめ

◉ミクロな世界では、見ていない間に行われたことはひとつではない

◉ミクロな世界では、未来は決してひとつには決まらない

04
世の中は電波で溢れている――メールはどうして届くのか

もっと私たちの生活に身近なものの話をしよう。今、私たちの生活に欠かせないもののひとつがスマホや携帯電話ではないだろうか。

電話をかければ遠くにいる相手とその場ですぐに話ができ、メールを送れば瞬時に相手に届く。当たり前のように使いこなしつつも、不思議だなと思っている人もいるだろう。

スマホや携帯電話の契約数はすでに人口を超えている。つまり、この国には、人の数よりもスマホや携帯電話の数のほうが多いのだ。そんなにも多くの〝電話〟があるにもかかわらず、なぜ、自分あての電話・メールが間違わずに自分のところに届くのだろうか。

電話にしてもメールにしても、「電波」を使って情報を伝えるというシステムだ。電波とは、４章で説明する光の仲間。そして、電波も光も、連続する波だ。

波の性質には、一波で進む距離（谷から谷の長さ）を示す「波長」と、1秒間に何回波打つかという「周波数（振動数）」がある。赤外線よりも波長が長く、周波数が低いものを電波と呼び、そのなかでも携帯電話やスマホに使われる電波は、波長にして10センチメートルから1メートルほど、周波数にして300メガヘルツから3ギガヘルツほどだ（モバイル機器の世代によっても、会社によっても多少前後する）。

携帯電話やスマホのために使える電波は限られているので、その限られた電波をいかに効率的に使うかがとても重要であり、限られた電波で間違いなく電話やメールを届けるための工夫がなされている。

そのベースとなっているのが、「周波数ごとに分解できる」という波の性質だ。周波数の異なる電波を重ね合わせて出しても、受け手側で特定の周波数にだけ反応するようにしておけば、その周波数の電波だけを拾うことができる。これは波全般に共通した性質だ。

わかりやすいのが、ラジオだろう。ラジオを聴くときにはまさに周波数を合わせる。周波数がちょっとでもずれるとノイズが入り、電波をうまく受信できなくなる。そして、受け手側の設定を変えれば、別の周波数をもつラジオ局の放送をキャッチできる。

同じように、携帯電話やスマホでも、ユーザーによってほんのちょっとずつ周波数を変え、混線を回避している。言ってみれば、自分専用の電波があるようなものだ。

ただし、この方法では、ユーザーが増えれば増えるほど、割り当てが難しくなる。そこで、複数のユーザーで同じ周波数帯を使い、その代わり、拡散符号といってユーザーごとに専用のコードを決め、データに乗せることで区別するといった工夫も行われている。

ところで、壁があると、光は反射して壁の内側までは届かないが、電波は建物の中にいても届く。それはなぜだろうか。

光は透明なものでなければ通過することができない。ところが、電波は障害物があっても、多少は弱くはなるものの、通り抜けることができる。もう少し正確に言うと、紙や木、ガラスといった電気を通しにくいものはスッと通り抜け、金属などの電気を通しやすいものには反射する。

だから、電波にとって木造の家は透明、鉄筋コンクリートのマンションは半透明のようなものだ。一方、アルミホイルで包んだ携帯電話に電話をかけると、「電波の届かないところにいます」と言われてしまうが、それは、電波が金属を通り抜けられないからだ。

また、波には「回折」といって、障害物にぶつかったときに回り込む性質があり、波長が長ければ長いほど回り込みやすい。1センチメートルの波長の電波は1メートルの物を回り込むことは難しいが、1メートルの波長をもつ電波ならぐるっと回り込むことができる。波長に比べて大きいか小さいかで、回り込めるかどうかが決まる。

光の波長は400ナノメートルから800ナノメートルほどなので、0・001ミリメートルよりも短く、ほぼ回り込むことはできない。一方、携帯電話やスマホに使われている電波の波長は、先ほど書いたとおり、10センチメートルから1メートルほどあるので、ある程度の物なら回り込むことが可能だ。

だから、家の中にいようと、いろいろな物に囲まれていようと、電波はやってくる。もし電波が目に見える光だったなら、世の中は電波だらけで「邪魔だな」と思うほどだろう。

まとめ

◉ユーザーごとに周波数を細かく変えることで、その人にちゃんと届けている

◉電波は壁を通り抜け、長い波長で障害物も回り込む

2章

物理学者の正体

05 私が物理学者になった理由

私の専門は、宇宙物理学だ。

「宇宙物理学を理論的に研究しています」と初めて会う人に言うと、大概の人は絶句する。あるいは、宇宙という言葉から連想してスペースシャトルのことを聞かれたり、「あなたもいつか宇宙に行くんですか？」「宇宙人はいるんですか？」といった話になったりする。宇宙物理学という響きがあまりにもなじみがないため、なんとか連想できるものを探してくれているのだろう。そもそも物理学者という存在自体が、一般の方にとっては、宇宙人のように未知なるものかもしれない。

では、なぜ、私は物理学者になったのか。遡って考えると、子どもの頃から生活のなかで湧いてくる「なぜそうなるのか」を突き詰めることが好きだったのだと思う。

ニュートンは物が落ちる現象を不思議に思って「なぜそうなるのか」を考え続け、万有引力の法則を導き出したということは有名だが、私も同じように不思議に思っていた。

中学生のときの社会科の授業で、「物が下に落ちるなんてことは当たり前でしょう？　どうしてニュートンはそんな当たり前のことをあえて疑問に思ったのでしょう？　偉い人というのはちょっと凡人には理解できないことを考える」というようなことを先生が言ったことを妙に覚えている。そのとき、「ああ、こういう疑問はあまり口に出してはいけないのか……」と思ったのだ。

ただ、普通なら「そんなことは当たり前なんだから、考えなくていい」と言われるような質問でも、工学系の研究者だった父親は、「なぜそうなるのか」をできる限りやさしく説明し、答えを教えてくれる本を買ってくれた。今でもよく覚えているのは『なぜだろうなぜかしら』シリーズだ。「風はどうして吹くのか」とか「ひまわりはどうして太陽のほうを向くのか」といった、子どもが生活のなかで自然に抱く疑問に答えてくれる本だった。

また、田舎に住んでいたことも大きかったのかもしれない。私の故郷は長野県上田市の片田舎で、実家の前は少し開けていて、その向こうには山があった。「ワーッ」と大声を出せば、ワーッと返ってくるし、パンと手を叩けばパンと音が返ってくる。ハイキングや登山に行かなくても山びこを体験できたように、いろいろな自然現象が身近にあった。

しかも、現実は、本で読むよりもちょっと複雑だ。山びことは、音が跳ね返って戻ってくる現象である。ただ行って帰ってくるだけのはずなのに、現実では、パンと手を叩くと、パンパンパンッと2、3回戻ってきた。子どもながらに「なんでだろう」と考えているうちに、山はまっ平らな壁とは違って凸凹があるため、行って帰ってくる現象が積み重なっているのだと理解できた。そのとき、「複雑に見えることも単純な原理で説明できるんだな」と思ったことを覚えているが、それがまさに物理学そのものだった。

まとめ

◉「なぜそうなるのか」を考えているうちに物理学へ

◉現実は複雑だが、複雑に見えることも実は単純な原理で説明できる

06 物理学とは、結局どんな学問なのか

物理学とは何か――。ごくごく簡単に言えば、物理学とは、この世の中の仕組みを知ろうとする学問だ。同じように世の中の仕組みを知るためのものには、化学や生物学などいろいろあるが、なかでも、根本的なことをどんどん突き詰めていくのが、物理学である。

たとえば、水素分子と酸素分子が化学反応を起こせば水分子ができる。化学では、「どう反応するのか」をどんどん調べていく一方、物理学では「なぜ反応するのか」を調べ、あらゆる反応に共通した法則を見つけようとする。

あるいは、ＤＮＡについて説明するときに、生物学では、たとえばＤＮＡがどういう働きをしているのかを実験を重ねて調べていくが、物理学では、その働きを基本的な法則から導き出そうとする（ＤＮＡはあまりに複雑すぎて、現時点ではまだ実現できていない）。

この世の中は非常に複雑だ。複雑なものを複雑なまま理解しようとすると、途方に暮れ

てしまう。物理学は、複雑なものをなるべく単純化して理解しようとする学問なのだ。

生物学では化学の知識などを用いて説明しようとし（たとえば、私たちの体を構成する要の成分であるタンパク質が、どんな分子構造をしているのか、など）、化学では分子や原子がどう動くかという知識を使って現象を説明するが、物理学では分子や原子がなぜそういう動きをするのかというところまで掘り下げていく。

近代物理学は、ガリレオ・ガリレイあたりからはじまったとされるが、彼らの時代には、原子や分子の動きといった細かいことはわからなかった（というよりも、原子、分子の存在が明らかになったのはもっともっと後のことだ）。

彼らは、「物体の動きを知りたい」と考えた。物が落ちたり転がったりするとき、転がっているものが止まるとき、どういう法則があるのかを追求していった。そうしてまとめられたのが、次の3つからなる「ニュートンの運動3法則」だ。

①外部から力が働かなければ、静止しているものはそのまま静止し、動いているものはそのまま同じ速度で運動を続けるという「慣性の法則」。

②物体に力を加えると、力の方向に加速度が生じ、その加速度は加えられた力に比例し、物体の質量に反比例するという「運動の法則」。

③物体に力を加えると、力を加えた側も同じだけの力を物体から受けるという「作用・反作用の法則」。

なんとなく記憶に残っているだろうか。「あー、面倒な計算をさせられたな」と、学生時代の楽しくない思い出がよぎるかもしれないが、どれも耳にしたことはあるだろう。

この３つの法則を使うことで、当時知られていた物の動きの多くを説明することができるようになった。動きが説明できるようになるということは、物の動きを予言できるようになるということだ。「このくらいの力を加えたら、こう動きました」など、「こうやったら、こうなった」理由を説明できれば、次に「こうしたら、こうなる」と予言できるようになる。それが、物理学がめざしている基本であり、「力学」と呼ばれているものだ。

まとめ

◉複雑なものを単純化し、法則を見つけるのが物理学

◉その法則で、世の中の仕組みを説明し、次に起こることを予言できるようになる

07 世の中に働く4つの力とは

電気にはプラスとマイナスがあり、プラスとマイナスが引き合い、プラス同士、マイナス同士は反発し合う。誰もが知っている当たり前のことだ。しかし、なぜプラスとマイナスは引き合い、プラス同士、マイナス同士は反発するのだろうか。

これは、中学時代に私が不思議に思っていたことだ。「不思議だなー」とずっと思いつつ、先生に聞いても「そういうものなのだ」と言われそうで、わざわざ質問はしなかった。

物が下に落ちるということにしても、「なぜ?」を突き詰めていくと、最終的には答えはない。ニュートンは、物が下に落ちるのはその物と地球の間に万有引力が働いて、引き合っているからだ、と説明した（お互いに引き合っているが、地球があまりにも重くほとんど動かないため、一方的に引き寄せている〈落ちる〉ように見える）。それは大きな発見だったが、「なぜ引き合うのか」については、ニュートンは説明しなかった。「引き合うものなのだ」としか言っていない。

6章で詳しく説明するが、「なぜ引き合うのか」を説明したのが、アインシュタインだ。アインシュタインは空間が曲がっているから引き合うのだ、と万物が引き合う理由を解明した。だが、「では、なぜ空間が曲がるのか」と聞かれれば、そこに答えはない。

この先、空間が曲がる理由が説明される日がくるかもしれないが、そこにも「なぜ?」がついてまわる。「○○だからだ」と説明すれば「なぜ○○なのか?」と、「なぜ?」は果てしなく続く。

物理学というのは、そうやって「これ以上シンプルなものはない」「そういうものなのだ」というところまで突き詰め、それ以上の理由がない法則を見つけ出すことを目的としている。

ニュートンの万有引力の法則がアインシュタインによって説明されたように、今「そういうものなのだ」とされている理由のない法則も、その後、理由が見つかるかもしれないが、現状では、この宇宙のなかで働く力は4つの力(法則)に集約される。つまり、すべてのものの動き、ものの変化は4つの基本的な力で説明することができるというわけだ。

では、4つの力とはどのようなものかというと、「重力(引力)」「電磁気力」「強い力」「弱い力」の4つだ。重力と電磁気力は想像がつくだろうが、「強い力」「弱い力」が基本的な力だといわれても初めて聞く人には意味不明だろう。一つひとつ簡単に説明しよう。

まず、重力（引力）は、すべてのものがもつ相手を引きつける力だ。私たちが宇宙空間に放り投げられることなく球体である地球上に立っていられるのは、地球の重力でつなぎとめてもらっているからだ。

そう聞くと、重力とは大きな力のように思うかもしれないが、実際はごくごく弱い力だ。たとえば、机の上にペンが2本あるとして、その2本の間に重力が働いて引っ張り合っているといわれても、まったくそうは思えないだろう。地球は大きいため、地球との間の重力は感じられるが、小さい物同士の重力は弱すぎてふだんはまったく感じられない。

重力の存在を確かめる

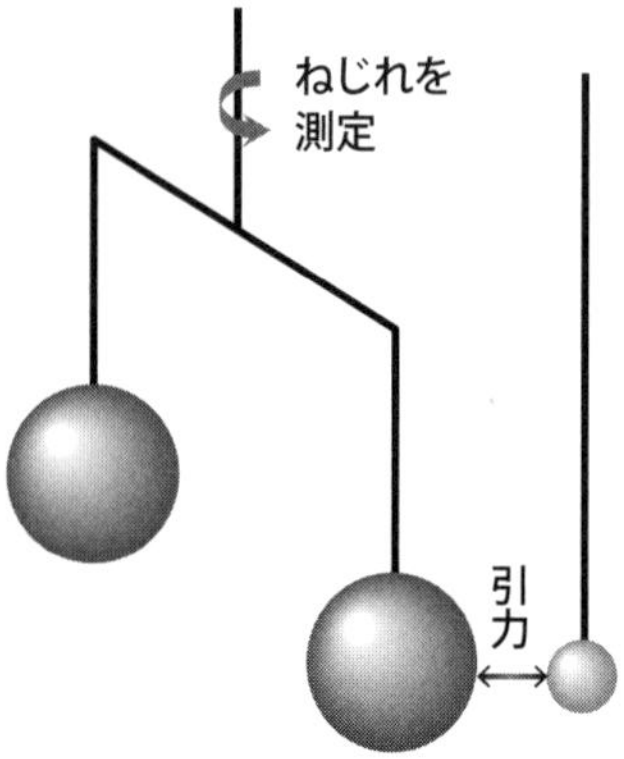

ただし、重力の存在を確かめる方法はある。図のように2つの重い玉をつるして、その一方の近くに別の玉を置く。そうすると引力が働いて引っ張られるため、ねじれる。そして近くに置いた玉をどかすと、ねじれは元に戻る。ほんのちょっとの力でねじれるため、ミクロン単位で精緻に測定すると、ちゃんと引力が働いていることがわかるのだ。

二つめの電磁気力は、電気と磁気の力のこと。電気と磁気は一見別々のものに思えるが、本質的には同じであることを1864年にマクスウェルという物理学者が発見した。

私たちの身の回りで観察できることは、突き詰めれば、この電磁気力か重力ですべて説明することができる。たとえば、机を手のひらで押せば、作用・反作用の法則で、押した分の力を手のひらに受ける。それはどういうことかと言えば、机も手もどんどん分解していけば原子でできていて、その原子のまわりにはマイナスの電荷をもった電子が存在する。そのマイナスとマイナスが反発し合う力が、手のひらで感じる力なのだ。

同じように、床に置いてある物を引っ張るとき、床の表面が凸凹していれば摩擦力が働いて重く感じるが、これも、床の表面と物体の表面の原子がぶつかり合い、原子同士の間に電磁気力が働くから、と説明することができる。

このように、私たちの身の回りの世界、目に見える世界で起こっていることは、すべてが重力と電磁気力によって支配されている。

では、「強い力」と「弱い力」という変なネーミングの力は、一体何者なのか。これらは、原子核の中にある粒子に働く力だ。私たちの目では見えないミクロな世界で働いている。原子核の中で陽子と中性子をくっつけている力が「強い力」で、中性子が陽子に変わるなど、粒子に変化を起こすのが「弱い力」だ。

なぜ、「強い力」「弱い力」という変な名前がつけられたのかといえば、初めは正体がわからなかったから。陽子はプラスの電荷をもっていて、中性子は中性だ。陽子が複数集まればプラス同士で反発するはずなのに、なぜ原子核の中でくっついていられるのか。それは陽子のプラスとプラスが反発する力、つまりは電磁気力よりも強い力でくっつけられているからだということから、理論的に「そういう力があるはずだ」と考えられた。だから、正体はわからないが電磁気力よりも強い力ということで「強い力」と名づけられ、弱い力はそれよりもずっと弱いため「弱い力」という名前になった。

まとめ

◉この世の中に働いている力は、たった4つの力で説明される

◉私たちの身の回りで起こることは「重力」か「電磁気力」ですべて説明され、「強い力」と「弱い力」は原子核の中で働く力

08 カミオカンデの発見は本命ではなく副産物だった⁉

この宇宙で起こっていることは、突き詰めれば、「重力」「電磁気力」「強い力」「弱い力」という4つの力ですべて説明することができ、この4つの力が最も基本的な力だと説明したが、実は、このうち電磁気力と弱い力は統一できることがわかっている。この2つを統一する理論が発表されたのが、1967年のこと。

そうすると、物理学者の間で次に考えられたのが、「強い力も、電磁気力と弱い力と統一できるのではないか」ということだ。この50年の間、世界中の物理学者が「何とか統一したい！」とがんばり、いろいろな説が唱えられ、いくつか有望視される理論が登場したものの、今のところ正しいと確かめられた理論はない。

ある理論では、その理論が正しければ陽子を放っておくと自発的に壊れて他の粒子になるはずだと予言された。そこで、その「陽子が壊れる」現象をなんとか確認しようと考え、造られたのが、あの「カミオカンデ」だ。

カミオカンデと言えば、電子の仲間である「ニュートリノ」が観測され、2002年に小柴昌俊さんがノーベル物理学賞を受賞したことで有名だ。ちなみに、カミオカンデをさらに発展させた「スーパーカミオカンデ」では、ニュートリノの振動が発見され、ニュートリノには質量があることがわかり、その成果から、2015年には梶田隆章さんがノーベル物理学賞を受賞している。

そのため、「カミオカンデ＝ニュートリノの観測装置」と思われがちだが、もとはと言えば、電磁気力と弱い力と強い力の3つを統一した理論を確かめるために造られたものだ。カミオカンデには巨大なタンクに大量の水が蓄えられている。その大量の水に含まれた大量の陽子のなかから、もし理論が正しく、崩壊するものがあれば、光が出る。その光をキャッチするために、タンクのまわりには光のセンサーがぎっしりと張り巡らされているのだが、今のところ、陽子崩壊の現象は見つかっていない。

その代わり、偶然にも見つかったのが、地球近くの星の爆発によって宇宙からやってきたニュートリノだ。ニュートリノとは素粒子（素粒子については5章で説明しよう）の一つで、現在ニュートリノには3種類あることがわかっている。

さて、ニュートリノが水（水素と酸素）の原子核や電子とぶつかると光が出る。この光のパターンは、陽子が崩壊するときとは異なるため、カミオカンデで観測された光がニュートリノによるものだとわかり、カミオカンデは一躍有名になったのだ。

ニュートリノの発見はまさに副産物だったのだが、その副産物のおかげでノーベル物理学賞につながり、お金も付き、カミオカンデがスーパーカミオカンデになり、どんどん装置は大きくなっている。一方で、本来の目的であった陽子崩壊を見つけ、電磁気力と弱い力と強い力の統一理論を確かめようという話はどうなったのかというと、スーパーカミオカンデで観測は継続されているものの、今のところ確かめられていないため、この3つの力が統一されるのかどうかはまだ不明だ。

まとめ

◉カミオカンデの目的は4つの力の統一理論を確かめることだった

◉陽子が崩壊するときに出る光を観測するために作られたが、ニュートリノが水と反応して出す光が見つかった

09 理論はどうやって認められるのか

電磁気力、弱い力、強い力の3つではなく、究極的には重力も含めた4つの力すべてを統一し、ひとつの力ですべての現象を説明することができないか——というのが、現代の物理学が究極的にめざしていることのひとつだ。ひとつの力ですべてを説明することができれば、それほどシンプルなことはない。

そのため世界中の物理学者がなんとか4つの力を統一できないかと、あれこれ仮説を打ち立てているのだが、そのなかで今最も有力視されているものが「超ひも理論」(「超弦理論」と呼ばれることも)、すべての物の最小単位は粒子ではなく、振動するひものようなものだ、という理論だ。

物をどんどん分解していくと最終的にはひものようなものになるというのは、一般の人にとっては不思議だろう。ここでは詳細は省くが、この超ひも理論を使うと、電磁気力、弱い力、強い力と重力をすべて統一的に説明できる可能性が見えてきたため、世界中で多くの物理学者がこぞって研究を進めている。ただし、まだ証明はされていないため、現段階では「有力な仮説」という位置づけだ。

では、こうした新しい理論はどうやって認められていくのか――。

誰か権威ある研究者や由緒正しき機関が「正しい」と認めるわけではなく、「どうやら正しいようだ」という世界中の研究者のコンセンサスで決まる。

ある新しい理論が世に出たら、まずは正しい計算をしているのかがチェックされ、計算上は正しいことがわかると、次に「実験で確かめなければいけない」という流れになり、実験グループがその理論を確かめる実験を行う。ただ、一回の実験結果だけでは信用できないので、他のグループが追実験を行い、複数のグループが検証に成功し、多くの研究者が「間違いないだろう」と思うようになると、その理論は認められていく。

つまり、最終的には実験で理論と観測結果が合っていることを確かめられてようやく認められるわけだが、そのためには、「実験で確かめなければ」と思われることが必要だ。

というのは、一昔前までは、新しい発見があったら論文を書いて雑誌に投稿して、それが出版され、各研究室に配布されるという流れだったが、今は論文を書けばインターネットで瞬く間に世界中に届くため、自分の研究分野に限っても日々50前後もの論文が流れてくる。物理学全体では数百もの論文が日々書かれているのだろう。

そのすべてにくまなく目を通せるわけではない。私自身、その日に出た論文のタイトルをまずはざっとメールでチェックし、興味のあるものがあればアブストラクトを読み、自分の研究に関係していたり、おもしろそうだと思えば内容を細かく読んでいくという感じだ。

だから、論文の世界でも、タイトルが重要だ。タイトルをパッと見て「興味なし」と思われれば中身は見てもらえないので、一行でいかに表現するかの勝負である。ただし、一般書籍ほど、奇をてらったタイトルはつけられないのだが。

読み飛ばしてしまったもののなかに、本物の画期的な論文が埋もれている可能性も否定はできない。それこそ、ひも理論は最初に発表された頃にはほとんど見向きもされなかった。それが、「どうやら正しい計算をしているようだ」「重力も含めた4つの力を統一できる可能性があるぞ」という流れになると、世界中の物理学者がこぞって研究をはじめた。それが、1980年代後半のことだ。以来、さかんに研究されているものの、いまだに確立した理論にはなっていない。なぜかと言えば、実験ができていないからだ。

超ひも理論の正しさを証明するには、莫大なエネルギーで粒子同士を衝突させる必要がある。こうした場合、「加速器」と呼ばれる装置を使うのだが、超ひも理論が予言する現象を引き起こそうとすると、銀河系と同じくらいに巨大な加速器を用意しなければならない。さすがに現実的に不可能であり、今のところ実験の方法が見つかっていない。

果たしてこの先なんとか実験方法が見つかるのか、あるいは、まったく別の方法で実証することができるのか……。人工知能（ＡＩ）を活用すれば可能性があるのではないかと話す研究者もいるが、長年世界中の研究者たちがチャレンジしてきた問題をもしもＡＩが解き明かしてくれたとして、それを人間の知能で理解できるのかどうかはわからない。

というわけで、超ひも理論は、４つの力を統一する可能性を秘めながらも、実験方法が見つからないため、有力仮説のままだ。

まとめ

◉新しい理論は、複数の実験で確かめられ、認められていく

◉４つの力を統一できる可能性をもつ有力仮説はあるが、実験方法が見つかっていない

10 アインシュタインはアマチュア学者だった⁉

新しい有力な理論が出たら実験で確かめると書いたが、物理学者には、理論を考える「理論家」と、実験で検証する「実験家」の大きく2タイプがいる。ちなみに私自身は、前者の理論を考えるほうだ。

理論も実験も両方すればいいじゃないか、と思うかもしれない。しかし、前述の超ひも理論の実験方法が見つからないということもそうだが、あまりにも高度になりすぎて両方を極めることは非常に難しくなっている。

実験を行うには専門的な装置とそれなりのお金が必要なため、大学なり研究機関なりに所属していなければ現実的に難しい。しかし、理論を考えるだけなら、今ではインターネットでほとんどの情報は入手できるため、専門機関に所属していなければできないということはない。

実際、日本物理学会や日本天文学会の年次大会などに行くと、一般の人も発表している。ちなみに、国際会議の場合は、主催者側が発表者を選ぶのだが、日本物理学会や日本天文学会の年次大会のほうは選考がないため、発表したい人は誰でも発表することができる。だから、アマチュアの理論物理学者も存在する。

それこそ、世紀の天才といわれるアインシュタインも、最初に相対性理論（特殊相対性理論）を発表したときには、アマチュアの物理学者だった。彼は、大学卒業後も助手として残りたかったものの希望は叶わず、やむを得ず働きながら独自で研究を続けていたという。そして26歳のときに特殊相対性理論を発表しているのだが、そのとき、彼はスイスの特許局で働いていた。

公務員生活をしながら、プライベートな時間を使って、物理学の歴史を変える理論を作り上げたのだ。しかも、この年に彼は

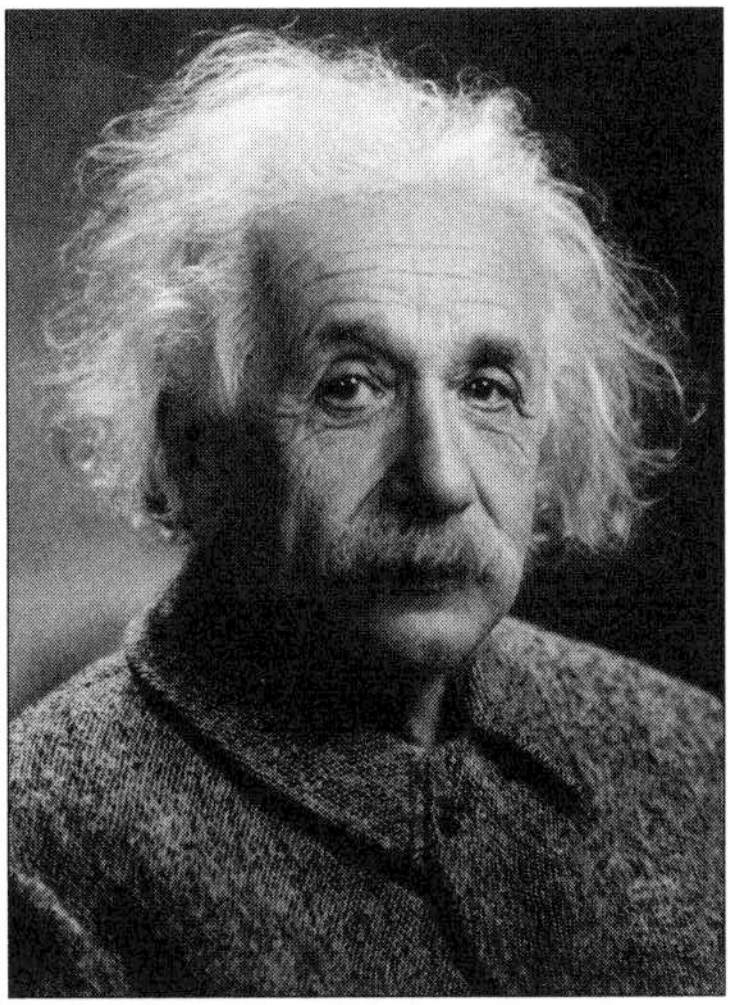
アルベルト・アインシュタイン

特殊相対性理論も含め3本の論文を発表しているのだが、そのどれもが素晴らしく、そのうちのひとつ（光電効果に関する理論……164ページ参照）によって、のちにノーベル物理学賞を受賞している。

今でも、アマチュアの理論家が世紀の発見をする可能性は十分にあり得る。理論であれば、大がかりな実験装置はいらない。パソコンさえあれば、どこにいてもいくらでも考えられるのだから、現代のアインシュタインが登場する可能性はゼロではないのだ。

まとめ

◉物理学者には「理論家」と「実験家」がいる

◉アインシュタインは特許局で働きながら相対性理論を考えた

◉理論家なら、どこにいてもなれる！

3章

空の上の物理学

11 どうして雲は落ちないの?

子どもの頃、青い空に浮かぶ白い雲を見上げながら、誰もが一度は疑問に思ったことがあるだろう。なぜ、雲は落ちてこないのか、と。

雲にも重さがあるのだから、放っておくと落ちてくるはずだ。でも、空の上に浮かんだまま留まっているように見えるのは、簡単に言えば、「ものすごく空気抵抗を受けやすいから」だ。

もう少し詳しく説明しよう。

通常、物が落ちるスピードは決まっている。9・8m/s^2(メートル毎秒毎秒)だ。つまり、1秒間に9・8m/sずつ加速する。これは、万有引力の法則(ニュートンの重力の法則)と地球の重さで決まっている。

ただし、ここには条件がある。空気抵抗を受けない場合、だ。

空気抵抗は、物が落ちるスピードが速ければ速いほど、大きくなる。たとえば、普通の野球ボールを高いところから落としたとしよう。最初はググッと加速していくが、どこかの段階で速さは一定になる。空気抵抗と重力が釣り合うところで、スピードはそれ以上増えなくなり、その後は、そのまま一定のスピードで落ちていく。

ちなみに、それ以上加速しなくなるスピード、つまりは最終的に到達するスピードのことを「終端速度」と呼ぶ（が、この本は教科書ではないので名前を覚える必要はない）。

この空気抵抗は、当然だが、軽いものほど受けやすい。たとえばピンポン玉を高く投げ上げたとき、シュッと落ちていくイメージはないと思う。野球ボールに比べてゆっくり落ちる。それは、重量が軽く空気抵抗が大きいため、そんなにスピードが出ていなくても重力と空気抵抗が釣り合って、ゆっくり落ちてくるからだ。紙や羽がひらひらと舞うように落ちていくのも、同じことだ。

さて、雲の話に戻ろう。雲は、雲粒（うんりゅう）と呼ばれる、目に見えないくらい小さな小さな水滴や氷の粒の集まりだ。軽くて小さい粒のため、空気抵抗を非常に受けやすく、落ちるには落ちるものの、ものすごくゆっくりしたスピードでしか落ちられない。落ちるスピードがあまりにもゆっくりだから、ほとんど浮いているように見える。

さらに、風の影響も受けやすい。上空では上昇気流があったり、下降気流があったりするが、雲が落ちるスピードよりも空気の流れに押されて動く力のほうが大きいため、下から風が吹けばフワッと浮かび上がり、なかなか落ちてこないのだ。

ところで、靄や霧に遭遇したことはあるだろう。靄や霧が漂うのも、雲が浮かぶのと同じ現象だ。靄も霧も空気中のものすごく細かい水滴だから、空気抵抗や風の影響を受けてなかなか落ちてこない。

雲は下から見ると大きな固まりのように見えるので、「どうして落ちてこないの?」と思うかもしれないが、靄や霧と同じ現象と考えればわかりやすいのではないだろうか。山登りが趣味の人なら、なおさらよくわかるだろう。登山中、雲の中に入った経験はないだろうか。下から見上げると固まりを作っている雲も、その中に入っていくと単なる靄がかった状態であることがよくわかるはずだ。

もっと身近な例が、霧吹きだ。霧吹きで水をかけると、細かい粒子状になった水滴が、空気の抵抗を受けてふぁふぁふぁっと舞う。静かな風のない室内で霧吹きをかければ、ゆっくりゆっくりと舞い落ちてくる。

雲が空に浮かんでいるのも、靄や霧が大気中に漂うのも、霧吹きで水が舞うのも、同じ法則に従っているということ。そう考えると、雲の上の出来事も身近に感じられるのではないだろうか。

まとめ

- ◉雲は、軽くて小さな粒の集まり
- ◉空気抵抗や風の影響を受けやすく、ゆっくりゆっくり落ちては浮かび上がるため、浮かんでいるように見える
- ◉霧や靄が大気中に漂うことは、霧吹きで水が舞うことと同じ現象

12 空はなぜ青いのか、夕焼けはなぜ赤いのか

空はなぜ青いのか――。物理学というよりも科学に興味のある人なら、当然のように答えられるかもしれないが、答えに窮する人も少なくはないだろう。「空は青いもの。理由なんて考えたこともなかった」と。

そもそも空はなぜ暗くないのか。空は透明なのだから、太陽があるほうは太陽光が差し込んで明るくなるものの、それ以外の場所は、暗くなるのではないだろうか。実際、宇宙ステーションからの映像を見ると、空は真っ暗だ。

宇宙と地球の違いは何かと言えば、みなさんご存じのとおり、空気があるかどうか、だ。空気は無色透明に見えるが、酸素分子と窒素分子という粒子で成り立っていて、空の上の空気、つまり大気中の空気の量は大量だ。そのため、太陽の光は、それらの粒子にぶつかっ

て進路を曲げられ、いろいろな方向に「散乱」する。

ここで、太陽の光には「赤、橙、黄、緑、青、藍、紫」といったさまざまな色の光が混ざり合っている（よく7色といわれるが、赤と橙、橙と黄色といった色の境目はあいまいだ。だからさまざまな色としか言えない）。これらの色の光は、赤から紫へいくに従い、波長が短くなる。つまり、赤い光が最も波長が長く、紫の光が最も波長が短い。

波長の短い光は大気中のさまざまな粒子にぶつかりやすいため、進路を曲げられ、散乱しやすい一方、波長の長い光はぶつかりにくく、粒子と粒子の間をすり抜けながら、まっすぐ届く。

つまり、太陽光のうち、波長の長い赤い光はまっすぐに進みやすいのに対し、波長の短い紫、藍、青といった青っぽい光は、進路を曲げられ、散乱しやすいのだ。だから、空の上では青い光があちこちに散らばっていて、太陽とは違う方向から目に入ってきた光というのは、青い光が多く、空は青く見えるというわけだ。

では、朝焼け、夕焼けはなぜ赤いのだろうか。昼間の空は青いのに、日が昇る頃、日が

朝・昼・夕方の太陽の位置

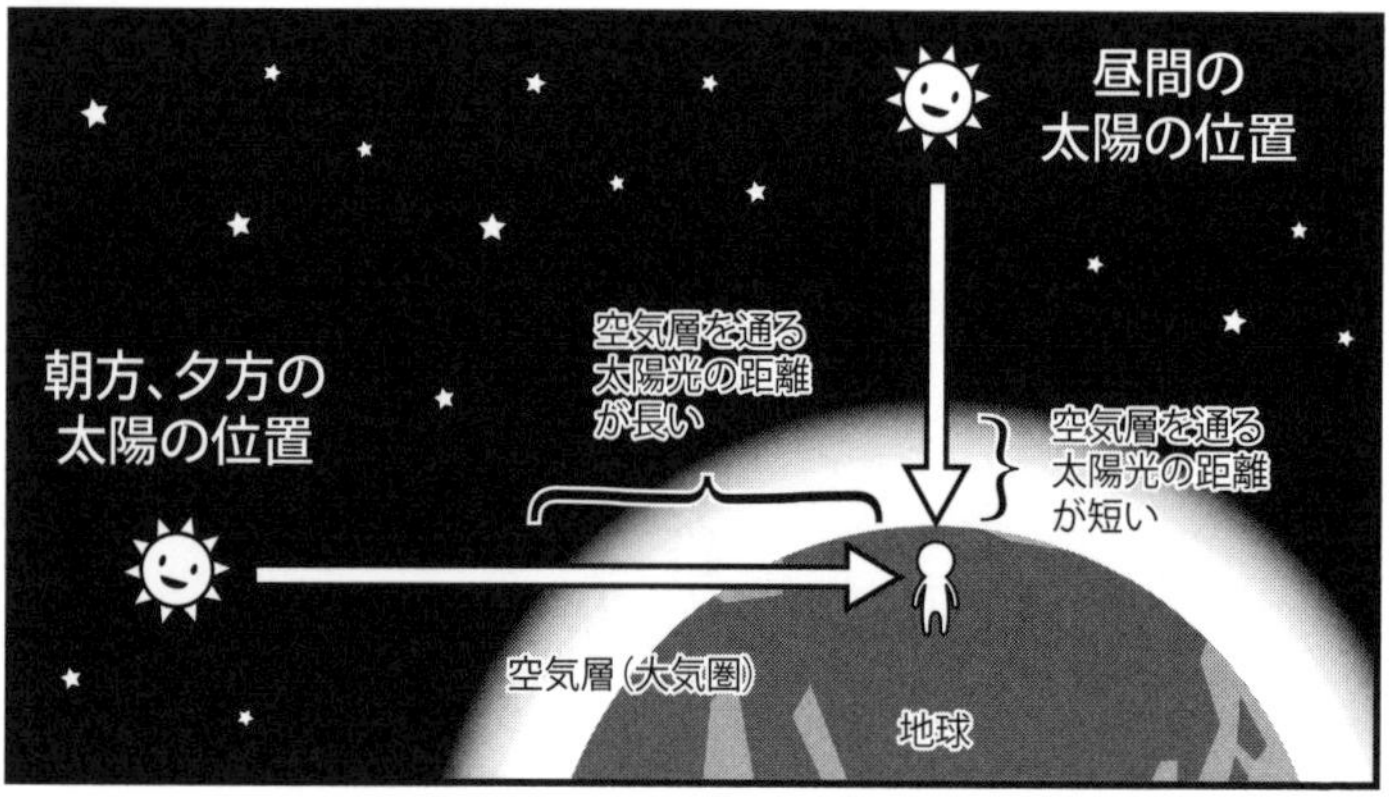

暮れる頃の空は赤い。これには「大気の厚さ」が大きく関わっている。

上空の大気の厚さは、およそ8キロメートルだ。この程度の距離であれば、波長の短い青い光が進路をあちこちに曲げられながら進んでも、失われない。だから、太陽が頭上にいる昼間には、青い光が目に入ってくる。

ところが、日が昇る頃、日が暮れる頃というのは、太陽は横のほうにいる。そうすると、太陽からの光が大気のなかを通る距離が数百キロにも長くなるため、散乱しやすい青い光は途中で失われてしまうのだ。そして、ほかの邪魔をすり抜けてまっすぐに進みやすい赤い光だけが届くので、太陽の光に照らされたまわりの雲はじんわりと赤く染まる。

ただし、昼間の青空と違って、赤い光はあまり散乱しないため、空一面が赤く染まるわけではない。朝焼けも夕焼けも、空全体は暗い群青色をしていて、太陽のまわりだけが赤いのは、赤い光というのはまっすぐに進んであちこちに散らばることがないからだ。

まとめ

◉波長が長い光ほどまっすぐ進み、波長が短い光ほど、さまざまな原子や分子にぶつかって進路を曲げられ散乱する
◉昼間の空が青いのは、波長の短い青い光が散乱しているから
◉朝焼けや夕焼けが赤いのは、太陽が遠い位置になり、青い光は届かなくなるから

13 地球はなぜあたたかくなった？

ここのところ、〝例年にない暑さ〟が毎年訪れているような気がする。実際、世界各地で最高気温の記録が塗り替えられている。温暖化はなぜ起こっているのだろうか。

物理学の観点から温暖化を説明するならば、温暖化とは熱エネルギーが大きいということだ。地球上の生物は、常に太陽からエネルギーを供給され、生命活動を営んでいる。ただ、地球にエネルギーが入ってくる一方であれば、地球の温度はどんどん上昇してしまうが、入ってきたエネルギーとほぼ同じ量のエネルギーを宇宙に放出することで、バランスを保っている。

地球の温暖化や寒冷化は、このエネルギーのバランスが崩れることで発生する。「二酸化炭素が増えると地球の温暖化が進む」とよくいわれるが、これは、大気中に増えた二酸化炭素が、本来は地球から宇宙へ出ていくべき熱エネルギーを吸収してしまい、十分に熱を放出できなくなってしまうということだ。

ただし、地球の温暖化の原因は完全に解明されているわけではない。実際には複雑な要因が絡み合っているため、二酸化炭素を減らせばそれだけで温暖化が防げるかというと、そう単純なものではないといわれている。

たとえば、宇宙線の量が関係しているという研究もある。宇宙線とは、宇宙から絶えず降り注ぐ放射線のことだ。宇宙から地球に届く宇宙線は主に陽子でできていて（これを一次宇宙線という）、一次宇宙線が大気中の窒素や酸素の原子核にぶつかり、ミュー粒子やニュートリノなどの素粒子に変わり（二次宇宙線）、地上に降り注ぐ。

宇宙線がたくさん来ると雲ができやすくなり、太陽の光を反射するため、地球の温度が下がり、逆に宇宙線の量が減ると雲ができにくくなって太陽の光を吸収しやすくなるため、地球は温暖化するといわれている。

では、宇宙線の量はなぜ増えたり減ったりするのか。それは、地球が宇宙のなかのどこにあるのかに関係している。

私たちが生きる地球は、２０００億個以上もの星が集まった「天の川銀河（銀河系）」のなかにある。銀河系は、直径が10万光年以上という巨大な円盤のような形をしている。

天の川銀河

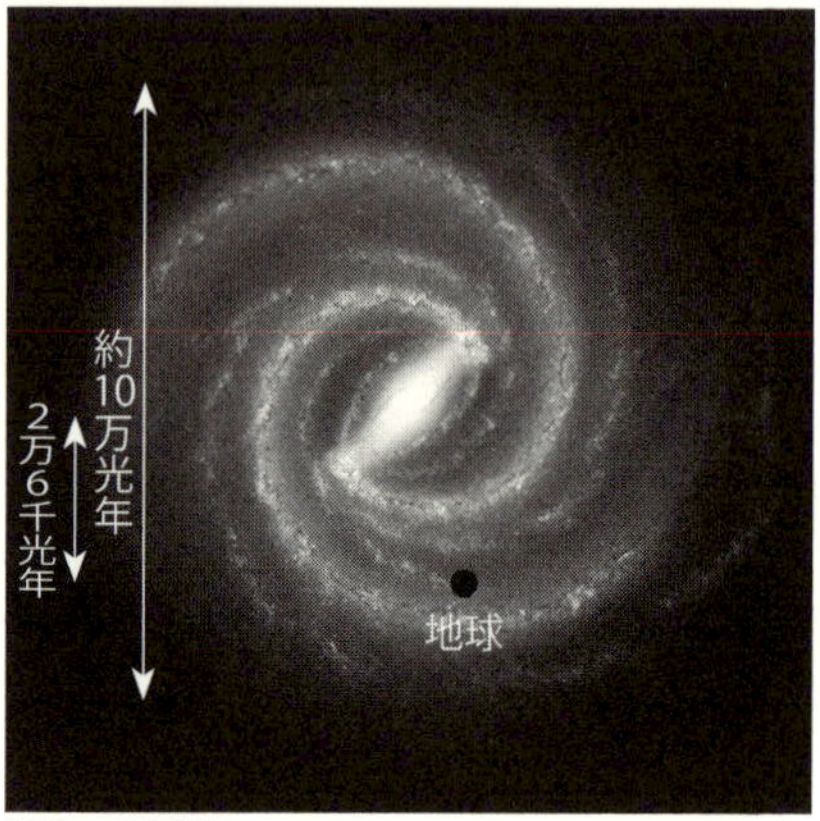

出典：NASA

1光年は光が1年かかって到達する距離なので、銀河系の端から端までは光の速さをもってしても10万年以上かかるという途方もない遠さだ。

この銀河系は、上から見ると、中心部分は棒のような形をしていて、とくに星が密集しており、そのまわりを、星やガスなどの集まりでできた数本の腕が渦巻いているように見える。

そのなかで地球も動いているが、銀河系自体も回転している。2億年余りをかけて1回転していると書けば、ずいぶんゆっくりしたスピードのように感じるかもしれないが、銀河系はあまりにも巨大なので、地球のある場所では秒速200キロメートルほどの速さで動いている。

そうやって地球も銀河系も絶えず動いているため、地球が銀河系の腕のなかに入っている時期もあれば腕の外に出ている時期もある。そして、腕のなかに入っているときには宇宙線が増え、腕から出ているときには宇宙線が減る。この「腕のなかに入っているのか、出ているのか」というタイミングと、地球に氷河期が来たり温暖期が来たりというタイミングがシンクロしているという研究がある。

ただし、今の温暖化が、地球の位置と関係しているのかはよくわからない。今問題になっている温暖化は、数十年で数度上がったという話だ。氷河期云々に比べると、短いスパンでの小さな上がり下がりである。

そもそも気象というもの自体、いくつもの要因が複雑に絡み合っているため、すべてを正確に説明・予測することは難しい。物理学では、何光年も先にある星がなぜ爆発したのかなど、宇宙で起こっている現象の解明が進んでいるが、私たちにとって気象は、身近な問題だけに、地球の表面で温度が1度上がった、2度上がったといった非常に細かな説明・予測が求められる。だから、身近であるがゆえに難しいのだ。

まとめ

◉太陽からもらうエネルギーと宇宙に放出するエネルギーのバランスが崩れている

◉温暖化をはじめ、気象は複雑。ひとつの要因では説明できない

14 地球の軸が傾いているのはなぜ？

地球は、1年をかけて太陽のまわりを回り（公転）、北極点と南極点を結ぶ「地軸」を中心に1日に1回、自転している。そして、その地軸は、公転面に対して垂直ではなく、そこから約23・4度（公転面から約66・6度）傾いている。

「地軸はなぜ傾いているのですか？」

これは、以前に物理学専攻ではない学生を対象に教養科目として物理学を教えていたときに、学生から聞かれた質問だ。結論から言えば「傾かない理由はない」からだ。公転面に対して垂直になる理由がない、と言ってもいいだろう。つまりは偶然だ。

23・4度という角度にしても、この角度でなければならない理由はない。偶然、この角度に傾いたにすぎない。ただ、ちょっと傾いたから、太陽と地球の位置関係によって太陽光の当たる角度と日照時間が変わり、四季が生まれた。私たちの人生がちょっとした偶然の出来事によって変わるのと同じだ。

ちなみに、天王星は公転面に垂直な直線に対して98度傾いている。ほぼ横倒しでグルグルと自転しているような形だ。そのため、北極、南極近くでは、太陽のほうを向いている時期には一日中明るく、太陽と逆側を向いている時期には一日中暗い。

では、地球の地軸の傾きは、未来永劫変わることはないのだろうか。傾きが変わり、天王星のようになったら四季どころではないが、幸いにも地軸は安定している。それは、月が地球のまわりを回ってくれているおかげだ。月の重力によって、地軸は安定して同じ角度に保たれている。万が一、月がなくなれば、地軸は、何万年、何十万年という年月をかけていろいろな方向に向いてしまう。

実際、地球に対する月のように大きな衛星をもたない火星は、軸が不安定で長い年月のなかで傾きが変わってきている。もしも地球の軸も不安定であったら、気候も不安定になり、生物の進化は難しかっただろう。今ある地球の姿は、こうした偶然の賜物なのだ。

まとめ

◉地軸が垂直にならなければいけない理由がないから

15 地球はなぜ自転をはじめたのか

これも、よく聞かれる質問だ。自転をするのは地球に限ったことではなく、「どうやって惑星はできたのか」という話につながる。

地球をはじめとした惑星は、基本的には岩石が集まってできている。宇宙空間のなかで太陽のまわりを漂っていた物質同士がお互いの重力で引き寄せられながらいくつもの小さな塊をつくり、その塊が衝突と合体を繰り返して、徐々に大きな岩の塊をつくり、最終的にできあがったのが惑星だ。

岩と岩がぶつかるとき、よほど真正面から中心をずらさずにぶつからないかぎり、回転が生まれる。だから、「地軸はなぜ傾いているのか」と同じで、回転がゼロになることのほうがあり得ないのだ。

では、なぜ1日に1回変わらずに回り続けているのだろうか。それは、宇宙には摩擦がないからだ。地球上で物を回転させれば、だんだん回転スピードが遅くなり、すぐに止まってしまう。どんなに軸がぶれないようきれいにコマを回しても、多少回っている時間が長くなりはしても、やがて止まる。それは、軸と床との間の摩擦や空気との摩擦があるからだ。

一方、真空の宇宙では摩擦がないため、一度回転したものは永遠に回転し続ける。外から力が加わらないかぎり、加速することもなければ減速することもない。一度打ち上げて軌道に乗った人工衛星が燃料を追加しなくても地球のまわりを同じ速度で回り続けていられるのも、同じ理由だ。

地球の自転は、24時間に1周だから、赤道付近では1日に4万キロメートルほどのスピードで動いている。このスピードが速いか遅いかはさておき、24時間で1回転というスピードも、実は月が関係している。

月ができたのは、今から45億5000万年ほど前のことだ。その頃の地球はまだ小天体と衝突と合体を繰り返していて、あるとき火星ほどの大きさの天体と衝突した。そのときに斜めにぶつかられたため、その衝撃で大量の岩石が宇宙空間に放り出され、それがやがてひとつに集まって月になったと考えられている。だから、月と地球は似た岩石成分でできている。

ところで、前項で地軸が現在のような傾きになったのは偶然だと書いたが、直接的な原因は、月が生まれるきっかけとなった天体との衝突だと考えられている。衝突の衝撃で、現在の傾きになったのだ。

また、月ができる前の地球は、もっと速いスピードで自転していた。5~8時間で1回転していたと考えられており、つまりは、1日は24時間ではなく、5~8時間だった。月ができ、月の力が地球の自転を遅らせる方向で及ぶため、24時間周期になった。

もしも火星大の天体が原始の地球に衝突せず、もしも月が生まれていなかったなら、私たちの生きる世界はもっとせわしないものになっていただろう。というよりも、私たちは生まれていなかったかもしれない。

まとめ

◉岩石と岩石がぶつかって惑星ができるとき、真正面からぶつからないかぎり回転する

◉摩擦のない宇宙では、一度回転したものは止まらない

16 地球外生命体は存在するのか

地球以外の星にも私たちと同じような知性をもった生命はいるのか――。宇宙人やエイリアンなどはSF映画の中のものと思うかもしれないが、実は、物理学者の間では真剣に議論がなされている。

現状では見つかっていないので、本当に存在するのかどうかは、まだ誰にもわからない。だが、土星や木星の衛星などのなかには液体の水が存在する星があることがわかってきたこと、地球にいる生命は意外にたくましいとわかってきたことなどから、生命がいる可能性は十分にある。

では、地球にいる生命は一体どうやって生まれてきたのだろうか。それもまだ解明はされていない。地球から生まれたのか、宇宙からやってきたのかという2つの説があり、昔は、前者のほうが有力だった。

地球の大気のなかで雷か何かが落ち、電気の刺激で有機物ができて、それが生命になったのではないかといわれていた。しかし、そうやって生命をつくりだすのは極めて難しく、どうやらその確率は限りなく低いらしい。地球ができて6億年後くらいには生命がいたと考えられていることから、そんな短い（宇宙の歴史を考えると短い）間に生命ができるとは考えにくい。

なお、「もともと地球に内在していた可能性はないのか」と考える人もいるかもしれない。しかし、誕生した当初の地球というのは、ものすごく高温だった。表面が溶けるほど過酷な環境だったことを考えると、生命のもとが存在していたとしても焼き尽くされてしまっただろう。そうしたことを考えると、地球が起源ではないかもしれない。

一方で、宇宙ができたのは今から138億年ほど前のことである。宇宙ができてから地球上に生命が登場するまでには100億年近くの時間がある。宇宙のどこかで生命が誕生し、地球に降り注ぎ、地球で進化したと考えたほうが、時間的にもつじつまが合うだろうという説も有力だ。

なおかつ、人間が生きられる環境は限られているものの、原始的な生物であれば地球上のありとあらゆるところで生きることが可能だ。であるなら、宇宙空間で生き延びることも可能だろう。

そして、生命のもととなったものが宇宙空間に存在しているのなら、地球だけを狙って降り注いだとは考えにくい。ほかのありとあらゆる星にも生命のもとが降り注いだはずだ。ということは、ほかの星でも地球と同じように水のある環境があれば、そこで増殖し、進化した生命がいてもまたおかしくはない。

まとめ

◉地球以外の星に生命体が存在する可能性は十分にある

◉宇宙のどこかから生命のもとが降ってきたのであれば、どこかの星で進化した生命がいるかもしれない

17 空前の惑星発見ブーム！ 惑星はどうやって探すのか

地球外生命体がいるのではないかという話が現実味を帯びてきたのは、〝ちょうど良い惑星〟が見つかりはじめたことも大きい。

90年代半ば以降、実は空前の惑星発見ブームが訪れている。私たちが住む地球は、太陽を中心に太陽の重力が及ぶ天体からなる「太陽系」に属している。地球は、太陽系のなかで太陽に近い3つめの惑星だ。そのほか、太陽から近い順に水星、金星、火星、木星、土星、天王星、海王星と7つの惑星がある。ちなみに惑星とは、太陽などの自ら輝く星（恒星）のまわりを回っている星のことだ。

この太陽系は、「天の川銀河（銀河系）」と呼ばれる数千億個もの星の集まりの端のほうにある。宇宙には、天の川銀河のほか、無数の銀河が存在している。

さて、ちょうど良い惑星とはどういうことかと言うと、生命が生きていけると考えられる領域にある惑星のことだ。生命が生きられる条件として重要とされているのが、惑星の表面に液体の水があるかどうか。太陽系であれば、地球よりも太陽に近い水星と金星は表面温度が高すぎて、水があってもすぐに蒸発してしまう。逆に地球の次に太陽から遠い火星は表面温度が低すぎて、水があっても凍ってしまう。

太陽のような恒星から近すぎもせず遠すぎもせず、液体の水が安定して地表に存在できるような領域のことを「ハビタブルゾーン」と呼ぶ。ハビタブル（habitable）は居住可能の意味だ。

太陽系でハビタブルゾーンにある惑星は地球だけだが、惑星のまわりを回る「衛星」のなかには、表面を覆う氷の下に水（海）があるもの（木星の衛星エウロパ）、水ではないが液体のメタンが地表に存在しているもの（土星の衛星タイタン）などが見つかっている。

さらに太陽系の外でもハビタブルゾーンに存在する惑星が見つかってきた。太陽と似たような星のまわりにあり、太陽系の外にある惑星（太陽系外惑星）が初めて発見されたのは１９９５年と比較的最近のことだ。以来、どしどし惑星が見つかり、現在では４０００個以上もの太陽系外惑星が見つかっている。

太陽系のなかで地球から最も遠い惑星である海王星までが45億キロメートルで、光の速さで4時間ちょっとかかる。太陽系の外の星となると、少なくとも光速で数年以上、多くは数十年から数千年もかかるような距離にある。

それほどまでに遠くにある惑星をどうやって見つけているのかと言えば、よく使われるのは、太陽のような中心の星（恒星）を見て、その手前を惑星が横切るときに少し暗くなるので、それを観測するという方法と、恒星のまわりを惑星が回るときに、その惑星が大きい星だと中心の星も多少揺らされるので、その揺れ（1秒1メートル程度のゆっくりした揺れ）を観測して、どのくらいの星が回っているのかを推定するという方法だ。いずれにしても、かなり精密に測定しなければいけない。

なおかつ、惑星で隠されて中心の星が少し暗くなったように見えても、何かの拍子で暗くなっているように見えるだけということもよくあり、単なるノイズの範囲なのか、本当に惑星で隠されているのかを見分けることも必要だ。

現在では、専用の望遠鏡を乗せた人工衛星を打ち上げ、そこから見える範囲を一気に観測し、膨大なデータを解析して惑星を探し出している。もはや人間の目で見分けるには膨大すぎるため、惑星が通り過ぎるときのパターンをＡＩに学ばせて解析をすることまで始まった。天体観測と言えば、地上の望遠鏡を一生懸命に覗き込むイメージがあるかもしれないが、今では人工衛星やＡＩが活用されることもある。天体観測はデータ解析の勝負だ。

こうして見つかった太陽系外惑星にはハビタブルゾーンに存在するもの、なおかつ地球に近いサイズのものも複数ある。

たとえば、太陽系から最も近い恒星であるプロキシマ・ケンタウリのまわりを回るプロキシマ・ケンタウリｂは、ハビタブルゾーンにある惑星で、サイズも地球によく似ている。２０１６年に発見されて以来、生命がいるのではないかとにわかに期待されている。プロキシマ・ケンタウリからは強力な紫外線などが出ていたり、表面の大気がなくなっている可能性はあり、私たちのような人間が住むには過酷な環境かもしれないが、そんな過酷な環境でも生き延びられるよう進化した生命体がいるかもしれない。

太陽と同じような恒星から遠すぎず近すぎないハビタブルゾーンにある惑星や衛星を一つひとつ見ていけば、生命の痕跡が見つかる可能性はある。といっても、生命があるかどうかを確かめるには、その惑星なり衛星なりを直接見なければいけない。光りもしない遥か彼方にある星を直接見ることはかなり至難の業であることは確かだ。

まとめ

◉中心で輝く星を見て、そのまわりを回る惑星の気配を観測している

◉太陽系の外にも生命が生きられる可能性のある星が見つかっている

4章

私たちは何を見ているのか

——光の話——

18 赤色はなぜ赤色に見えるのか

私たちはふだん、特段意識することなく物を見ている。たとえば、今、この本を読んでくださっている読者は、今、何を見ているのだろうか。本を見ている、このページを見ている、このページに書かれた文字を見ている——どれも正しいが、どれも正しくない。正確には、光を見ているのだ。

昔の人は、「見る」ということは自分の目から光線が出ていると考えた。目から出た光線が物を感知しているのではないか、と考えたのだ。たしかに視線を向けると対象が見えるため、そう思うのも仕方ないだろう。そもそも「視線」という言葉自体、自分から何かを発しているようなイメージだ。

もちろんそうではなく、私たちは、物に当たった太陽の光や照明の光のうち、吸収されずに反射された光を見ている。どんな種類の光を吸収しやすいかは物質によって異なるた

光の波長

波長の単位はnm。1nmは100万分の1mm

め、反射される光の種類も異なる。それによって、物の色が決まる。

赤色の物が赤色に見えるのは、その物が赤色以外の光を吸収し、赤色の光だけを反射していて、その赤い光が私たちの目に届くからだ。だから、その物自体が赤い色の光を発しているわけではない。同じように、緑色の物は、緑色以外の光を吸収し、緑色の光を反射している。なお、白色の物はすべての色の光を反射し、逆に、黒色の物はすべての色の光を吸収している。

では、光の色は何で決まるのかと言えば、波長だ。3章の「空はなぜ青いのか」のところでも簡単に触れたが、大事なことなのであらためて説明しよう。

光は一種の波である（正確には粒の性質ももつが、その話は7章で説明しよう）。水面にあらわれる波のように、光も波として進んでいる。その一山(谷から谷、山から山）の長さを「波長」といい、波長が異なると、私たちの目には異なる色の光として認識される。

では、山の高さ（振幅）の違いは何かと言えば、光の強度、つまりは明るさの違いだ。また、光は、どんな種類のものも速さ（1秒間に進む距離）は

光の振幅

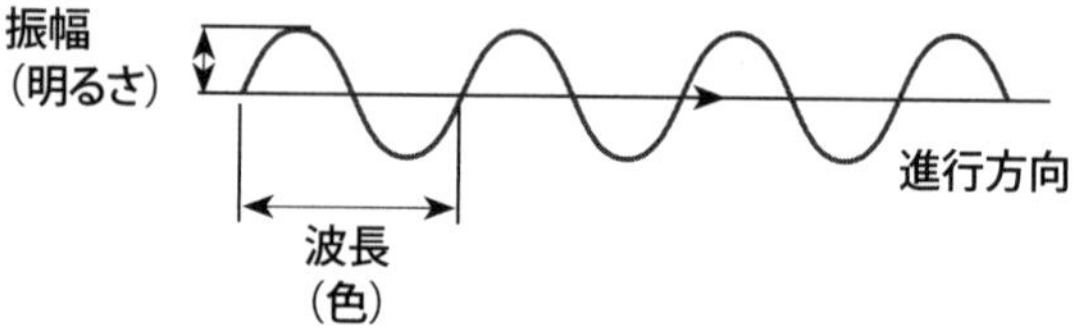

一定だから、波長が短い光ほど1秒の間に山と谷を繰り返す回数が多く、波長の長い光ほど少ない。これを周波数または振動数という。

ちなみに、ふだん私たちが「光」と呼んでいるものは、正確には「可視光線」のことだ。つまり、目で見える光。ということは、当然、目で見えない光もある。

目で見えるか見えないかの違いも波長の違いで、私たちの目で見ることができるのは、おおよそ４００ナノメートルから８００ナノメートルの波長の光だ。それより波長が短くても長くても私たちの目には見えない。

可視光線よりも波長が長いものには「赤外線」や、電子レンジで使われる「マイクロ波」、通信機器に利用されている「電波」があり、波長が短いものには「紫外線」「X線」「ガンマ線」がある。これらをまとめて「電磁波」という。

すべて光の仲間だが、私たちが「見る」には、目の網膜に並んだ視細胞が光をキャッチし、視神経を刺激しなければいけない。この視細胞が反応できるのが、おおよそ400ナノメートルから800ナノメートルの波長の光(電磁波）に限られているのだ。

ところで、冒頭の話に戻ろう。反射する光によってその物の色が決まるわけだが、吸収されたほうの光はどこへ行くのだろうか。延々と吸収され続け、たまっていくのかと言うとそうではない。吸収された光は、やがて熱エネルギーに変わる。

だから、すべての光を吸収する黒色のものは、熱をもちやすい。ただし、温まり続けるわけではない。物は熱をもっていると必ず電波を放射する。それは私たちも同じで、微弱だが、目に見えない電波を出している。そうやって、入ってくるエネルギー（光）と出ていくエネルギーが釣り合うことで温度が高くなりすぎないよう保たれている。

まとめ

◉私たちが見ているのは、物が反射する光
◉光の波長によって色が決まる。
波長が長すぎても短すぎても人の目には見えない

19 偏光レンズで水中がクリアになるのはなぜ？

海や川で水中を上から覗き込んでも、水の中はなかなか見えない。それは、水面でキラキラ反射する光が邪魔をして、水中からの光があまり届かないからだ。

そんなとき、偏光サングラスというものを使うと、水面で反射する光をカットしてくれるため、水中がクリアに見えるようになる。釣りが趣味の人なら、すでに愛用しているかもしれない。ランニングやゴルフ、ウィンタースポーツといった地面や雪面からの照り返しが気になるアウトドアスポーツでも重宝されているようだ。

偏光サングラスはなぜ照り返しをカットしてくれるのか、そもそもあまり聞き慣れない「偏光」とはどういうことなのか、説明しよう。

光を見ても、私たちの目には光っているのか光っていないのかしかわからないが、光には実は、左右に揺れる横方向に振動する波と、上下に揺れる縦方向に振動する波の2種類の波に分解できるという性質がある。太陽の光や照明からくる光は、多くの光の集まりなので、あらゆる方向に振動している。こうした光のことを物理学では「自然光」という。

これに対して、特定の方向にのみ振動する光、偏った光が「偏光」だ。

偏光サングラスでは、レンズに偏光板という、縦方向の振動の光だけを通す特殊なフィルターが使われている。金属以外の物に反射した光は、反射面と水平方向に振動する偏光になるという性質がある。つまり、水面で反射した光のほとんどは横方向の偏光に変わる。だから、縦方向の光だけを通す偏光板が入ったサングラスをかけて見ると、反射した光は遮られ、水中からの光が届きやすくなるのだ。それが、水中がクリアに見えるようになる、ということだ。

学生時代、窓から入ってきた光が反射して、黒板が見えにくいことがなかっただろうか。そういうときにも偏光板を使うと反射する光だけをカットしてくれるので、よく見えるようになる。

この偏光という性質は、さまざまな家電製品にも使われている。身近なところでは、カメラのレンズに装着するフィルターのひとつに「ＰＬフィルター」というものがある。ＰＬとは「Polarized Light」の略で、要は偏光フィルターだ。このフィルターを装着すると、偏光サングラスと同じで反射する光をカットしてくれるため、被写体本体の色がより鮮やかに写る。当然、水面をクリアに撮りたい、ガラス越しに景色を撮りたいといったときにも役立つ。ただし、逆に水面に映り込むものも含めて撮りたいときには、当然、偏光フィルターをつけたままでは逆効果だ。

液晶ディスプレイはどうなっている?

テレビやパソコン、スマートフォンなどの液晶ディスプレイにも偏光板が使われている。仕組みを簡単に説明しよう。

テレビでもパソコンでも、よくよく見ると小さな点に分かれていて、その一つひとつに赤、青、緑のカラーフィルターがつけられている。そして、後ろから白い光を常に出し、一つひとつの点の光を遮断したり通したりすることで色を表現している。この光を遮断する方法に、偏

偏光板の働き

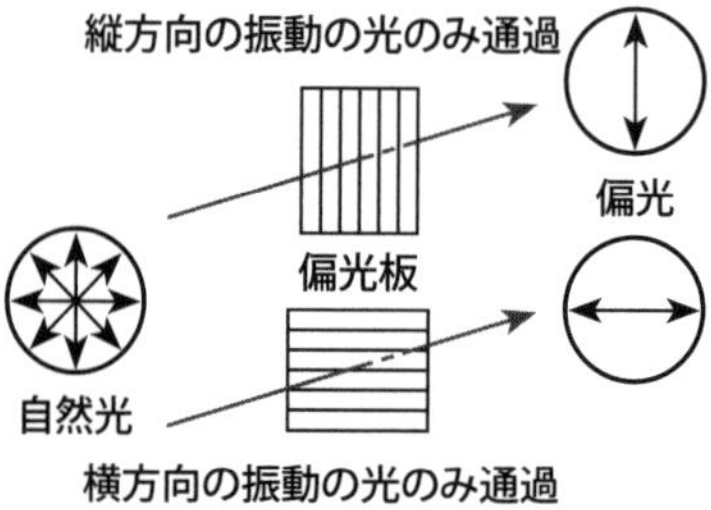

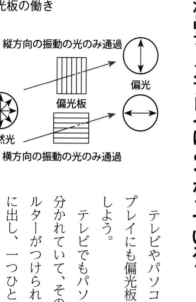

液晶ディスプレイの仕組み

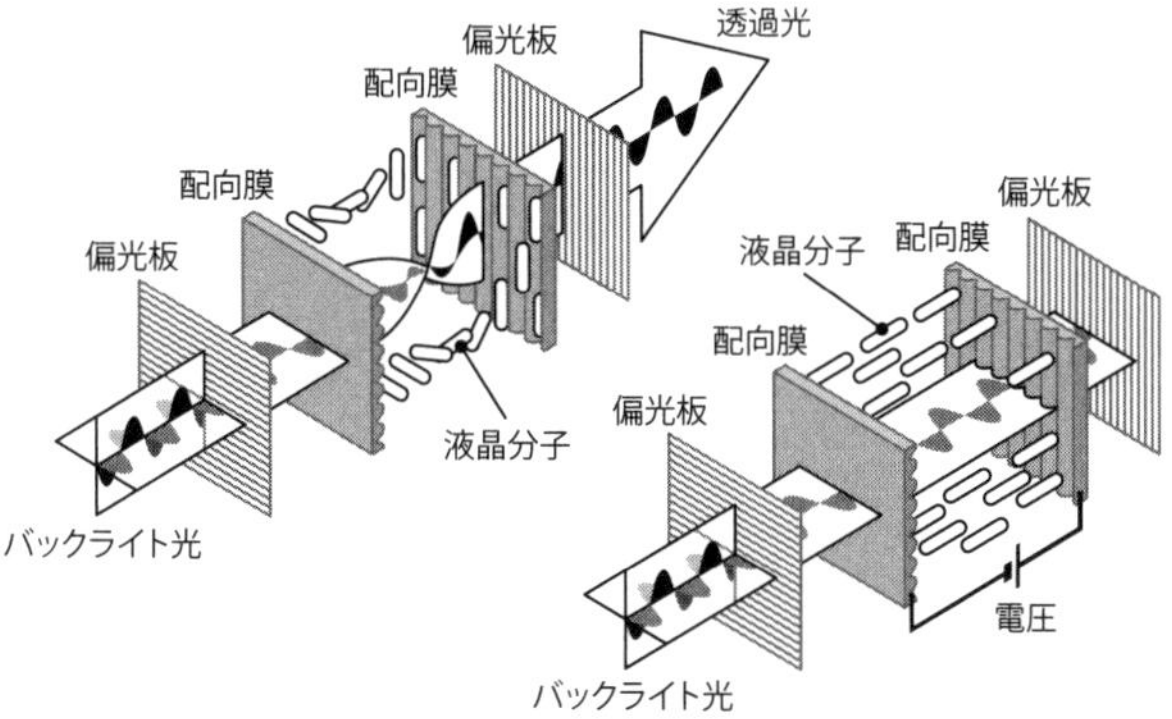

光板が一役買っているのだ。

先ほど偏光板は縦方向の振動の光だけを通すと書いたが、この偏光板を横にすると横方向の振動の光だけを通すようになる。2枚の偏光板を90度に交差させて組み合わせれば、一方は横方向の光を遮断し、もう一方は縦方向の光を遮断するので光が通らなくなる。液晶ディスプレイでは、2枚の偏光板の間に「液晶分子」を挟むことで、光をねじ曲げたりそのまま進ませたりして、光の通過をコントロールしている。

液晶とは液体と固体の中間の状態で、液晶の分子は、溝に沿って整列し、電気を流すと電気の流れに沿ってまっすぐに並ぶという性質がある。この液晶分子を横方向に溝が入った板と縦方向に溝が入った板で挟むと、液晶分子は90度にねじれて並び、電圧をかけるとねじれが解けてまっすぐに並ぶようになる。光は、液晶分子の配列に沿って進む性質があるため、電圧がかかっていないときには光も90度ねじ曲がり、電圧がかかるとそのまま進む。

2枚の偏光板の間に液晶分子を挟むとどうなるのかと言うと、縦の偏光板を通った光は縦方向の光だけになっているので、そのままでは横の偏光板を通過することはできない。しかし、液晶分子のねじれに沿って光も90度ねじれると、横の偏光板を通過できるようになる。一方、電圧がかかっているときには、光もねじれないため、通過できない。

つまり、電圧をかけたりやめたり、強さを変えたりすることで液晶分子の配列を変え、光を通したり遮断したり、強めたり弱めたりして、赤・青・緑の点を一つひとつコントロールしている。これが液晶ディスプレイの原理だ。

まとめ

◉光には横方向、縦方向の2種類の波がある

◉偏光板を通すと、縦方向だけの偏った光になる

20 3D映画はなぜ立体的に見えるの？

一般的に映画は二次元だが、3D映画では映像に奥行きを感じられたり、映像が飛び出して見えたりする。2009年に公開された『アバター』の大ヒット以降に増え、ブームは落ち着いた印象があるが、最近でも、ハリー・ポッターシリーズの最新作『ファンタスティック・ビーストと黒い魔法使いの誕生』が3Dで上映されていた。

「3D映画はなぜ立体的に見えるのか」を考える前に、当たり前だが、そもそも私たちはふだんから立体的に物を見ている。それはなぜかと言えば、私たちには目が2つあり、左右の目の位置が異なるため、右眼と左眼は常にほんのちょっとずつ違う映像を見ているからだ。

たとえば、図のような立方体を見るとき、右眼では右の側面が多く見え、左眼では左の側面が多く見え、その左右の映像を脳内で融合することで奥行きを感じている。

右目と左目では見えるものが違う

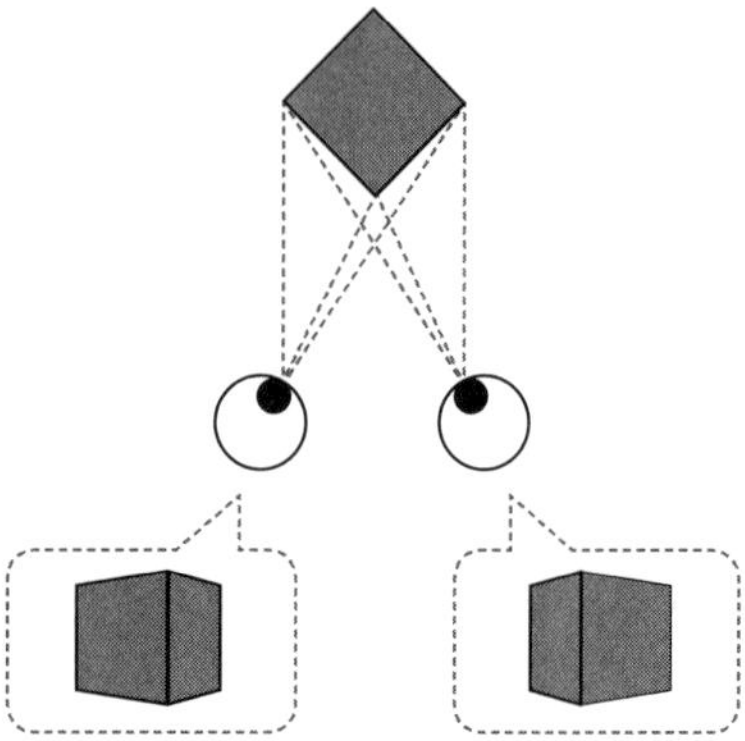

3D映画の原理もこれと同じだ。右眼と左眼でちょっと違う映像を見るように調整している。

昔は、立体映像と言えば、赤と青のセロハンが貼られたメガネだった。たとえば右眼用に赤で、左眼用に青で映像が描かれていて、例の赤青メガネをかけて見ると、左右の目に異なる映像が映り、立体的に見えるという仕組みだった。ただ、この方法では色のついたメガネを使い、全体の色調が変わってしまうため、最近では主に次の2つの方式が採用されている。

ひとつは、右眼用の画像と左眼用の画像を代わる代わる流すとともに、その画像に合わせてメガネの右レンズと左レンズのシャッターを交互に閉じるという方法だ。つまりは、右レンズのシャッターが閉じているときには左眼用の画像を流し、左レンズのシャッターが閉じているときには右眼用の画像を流すということをパタパタ繰り返すということ。左眼しか見えていない時間と右眼しか見えていない時間が交互に繰り返されているのだが、あまりにも瞬時に切り替わっているので連続して見える。

もうひとつの方法は、先ほどの偏光を使った方法だ。メガネの左右のレンズに、縦の偏光板と横の偏光板を使い、一方は縦向きの振動の光のみを、もう一方は横向きの振動の光のみを通すようにしておく。そうすると、右眼用の映像と左眼用の映像を同時に映写しても、左右のレンズが右眼には右眼用の映像のみ、左眼には左眼用の映像のみを切り分けて見せてくれる。

いずれにしても、右眼と左眼に少しずれた映像を見せるということに尽きる。

ちなみに、3D映画は通常の映画に比べて疲れるという印象をもっている人は少なくないだろう。それは、右眼と左眼の見え方のズレには個人差があるからだ。

左右の目の間隔は人によって異なる。間隔が広い人は右眼と左眼の見え方のズレが大きく、間隔が狭い人ほどズレが小さい。3D映画の映像が、ふだん自分が右眼と左眼で見ている映像のズレに近ければ疲れないはずだが、ふだんのズレとは違っていると、いつもと違う経験をさせられることになるので、目が疲れるのだろう。

目の焦点を変えることで、絵が立体的に見えてくるランダム・ドット・ステレオグラムという画像がある。一見、ただのノイズのような絵の中に立体的に見える絵が隠れていて、意図的に視線の先を前後にずらすことで立体的に浮かび上がってくるというもの。誰しも一度は試したことがあるのではないだろうか。

あれも慣れないうちは、疲れたり、ちょっと気持ち悪くなったりするかもしれない。それも、視線の先を遠くのほうに合わせつつ近くの紙を見るなど、ふだんと違うことを強いられるからだ。

奥行きを感じる、立体的に物を見るということは、ふだん意識して行うわけではないが、左右の映像のズレから奥行きを計算し、空間を立体的に把握するということを脳が瞬時に行っている。

まとめ

◉右眼と左眼でズレた映像を見ることで、立体的に見えている

◉右眼と左眼に違う映像を見せるには、左右の映像を交互に切り替える方法と、偏光板を使った方法がある

21 同じ赤色を見ても、人によって見え方は違う？

この章の冒頭で赤色が赤色に見える理由、つまりは色が見える理由を説明したが、赤色を見て赤色だと感じるのは、またちょっと別の話だ。

私たちが物を見るとき、その物から反射した光が目に届くと、目の奥の網膜にびっしり並んだ視細胞が反応し、刺激される。この視細胞には「桿体細胞」と「錐体細胞」の2種類がある。このうち、明るいときに働き、色を識別しているのが錐体細胞だ。この錐体細胞には3種類があり、反応する波長の光はそれぞれ異なっている。

赤っぽい光に反応するもの、緑っぽい光に反応するもの、青っぽい光に反応するもの、この3種類の錐体細胞がどのくらい反応したかという信号が脳に送られ、色を認識している。つまりは、赤、緑、青の3色の組み合わせで色を感じているということだ。

赤、緑、青の3色と言えば、「光の三原色」を思い出した人もいるだろう。赤、緑、青の3つの色の光を組み合わせればすべての色をつくりだせる、というものだ。

色は無限にあるのになぜ3色でいいのだろうか。それは、私たち人間の目が、これら3色のセンサーで成り立っているからだ。つまり、光の3原色は、私たち人間が感じ取ることのできるすべての色をつくりだせるということだ。

だから、実際は性質の異なる光が、私たちには同じ色に見えることもある。厳密には異なる波長の光であっても、私たちの目の中の3種類の錐体細胞が同じように反応してしまうことがある。


逆に、同じ物を見ていても、ある人は茶色だと言い、ある人はオレンジだと言うというように、人によって見え方が違うこともある。人によって、3種類の錐体細胞の分布が異なれば、その感度にもズレがあるが、心理的な要因も大きい。

たとえば、同じ色でも明るいところにあるものは暗く見え、暗いところにあるものは明るく見える。それは、ある物の色を認識するときには、その物が反射する光の情報だけでなく、そのまわりの情報も取り込んだうえで、脳が「何色」と決めているからだ。

物理学とはちょっと離れてしまうが、視覚というのは脳の働きに深く関係している。

机の上に一枚の紙が置かれているとする。私たちは目の前の紙全体が見えているように感じるが、実際に「一目」で見ているのはほんの一点だそうだ。

目の奥では、網膜全体に1億個以上もの視細胞がびっしりと並んでいるが、均等に並んでいるわけではなく、網膜の中心部に最も高密度に並んでいる。だから、視野の中心部は細かく見えるが、そのまわりはぼんやりとしか見えていない。視線を動かすことでササッとスキャンし、その映像を脳内で合体・構成することで、あたかも全体を一目で見ているかのように感じるのだ。

見るということは、反射した光を受け取ることであり、その刺激が脳に信号を送り、脳内で映像を構成することである。そう考えると、見えている（と感じている）ものが真実とは限らない。

まとめ

◉赤・緑・青の3種類のセンサーの組み合わせで色を感知している

◉脳が何色と認識するかは、環境にも左右される

22 錯視は常に起こっている？

見えているものが真実とは限らないと言えば、次ページのイラストを見てほしい。

左の４本の横線は、どれも平行に引かれている。でも、斜めの線が入っていることで、交互に傾いているように見えるだろう。

右の塗りつぶされている平行四辺形部分は、そうは見えないだろうが、まったく同じ形、同じ大きさをしている。

こうした視覚における錯覚のことを「錯視」という。なぜ錯視が起きてしまうのかと言うと、私たちの脳は〝環境〟にだまされやすいからだ。

まず、平行な線に斜めの線を書き入れるとなぜ傾いて見えるのかと言うと、人間は線が交わっているのを見ると、垂直に交わっているように考える癖があるからだ。それが紙に書かれていても、立体的な空間のなかで垂直に交わっているように無意識に感じてしまう

錯視の具体例

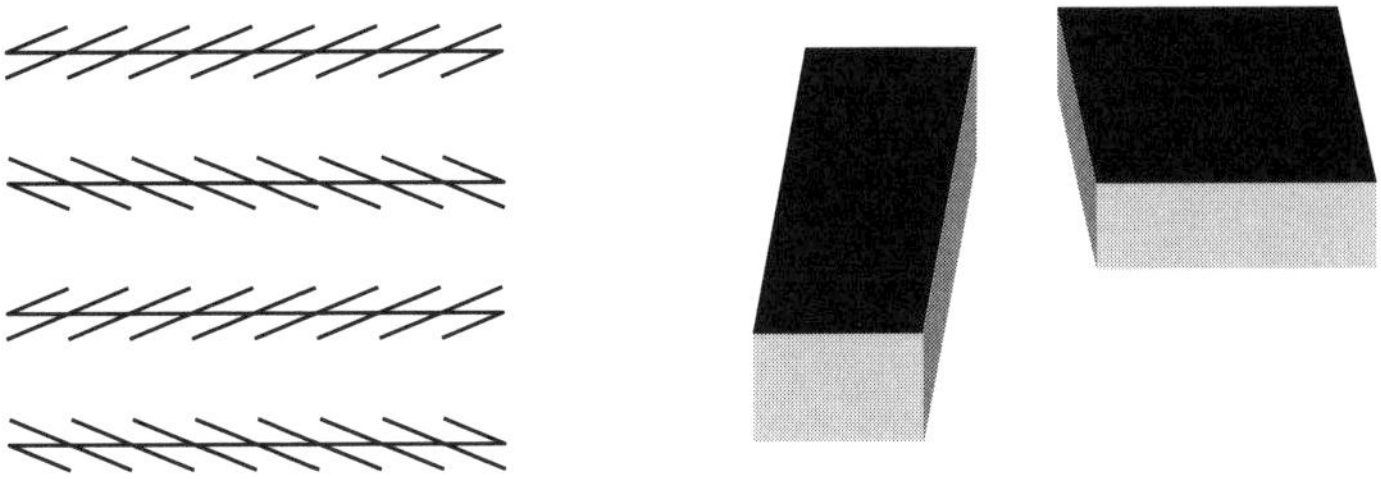

ため、平行に書かれた線に斜めに線が交わっていると、鋭角のほうが実際の角度よりも大きく見えてしまい、平行線が傾いているような錯覚に陥ってしまう。

長方体のイラストのほうは、立体的な物の表面だと思うと、「奥行きは短く見えるもの」という心理が自ずと働き、奥方面を長く感じてしまうのだ。だから、左側の平行四辺形は奥に細長く見え、右側の平行四辺形も実際より奥に長く見える。本を90度回転させて2つの長方体を見ると、印象が変わるはずだ。

こうした錯視は決して異常なことではなく、立体的な空間のなかで直角なものに囲まれて生活している現代人にとって必要な脳の能力だ。むしろ、錯視をしなければ不都合が出てくる。たとえば、私の研究室には長方形のテーブルがある。当然４つの角は直角だが、目に映る像は直角ではない。真上から見ないかぎり、４つの角は直角に見えないから、必ず平行四辺形や台形のように見えているはずだ。しかし、直角だとわかっているから、直角に見えているように思い込む。これも、一種の錯視と言える。賢い錯視だ。

見るということは、単に光の刺激を感じるだけではなく、脳が経験やまわりの情報も融合して処理した結果だ。それは経験のなかで獲得した能力なのだが、その能力を逆手に取れば、先ほどのイラストのように脳をだますこともできる。

なお、錯視はもともと心理学の領域だが、視覚をはじめとした感覚を何らかの方法で数値化して物理的な量との関係を調べる精神物理学（心理物理学）という学問もある。心理的な印象と、実際に測った数値の間には大なり小なりズレがある。人は見た目で判断すると簡単にだまされてしまうのだ。どちらが長いか短いかという単純な比較でさえ、実際に定規を当てて測らなければ容易に間違えてしまう。

まとめ

◉実際に目に見えているものが、そのまま見えるわけではない

◉人間は賢く錯視を行いながら、立体的な空間のなかで生きている

5章

すべては粒子でできている

——素粒子、原子、分子の世界——

23 火傷は分子の運動の仕業？

火傷とは、熱によって皮膚や粘膜が損傷を受ける病気のことだ。このことは誰もが知っているだろう。

ただ、火傷という現象を物理学的に説明すると、もう少し深い世界が見えてくる。世の中のあらゆるものは、原子でできている。これは、中学校で習う知識だ。人間の体も、複数の原子が集まってタンパク質などの分子をつくり、構成されている。複数の原子が複雑に絡み合って複雑な分子をつくり、うまく働いているので、耐えられる温度には限界がある。

ここで、温度とは、原子の振動のことだ。1章でも少し触れたが、世の中に存在しているあらゆる原子や分子は絶えず動いていて、温度が高くなると動きが激しくなり、温度が低くなると動きが弱まる。つまり、分子の動きの激しさを表すのが「温度」である。

私たちの体を構成している分子も、常に揺れ動いている。ところが、温度の高いものに触れると、そのエネルギーによって分子の振動が激しくなりすぎてしまい、耐えきれなくなってブチッと壊れ、細胞が破壊されてしまう。これが、火傷という現象だ。

ちなみに、「凍傷」はその逆の現象だ。一般的には「体の一部が凍ってしまう寒冷障害」のことだが、物理学的には、あまりにも温度が低いため、分子の振動が少なくなってしまった結果、起こることと言える。

たとえば、水を冷やせば氷になる。ごく当たり前の現象だ。このとき、水分子の動きが小さくなり、水分子と水分子がカチカチッとはまり合って自由の利かない、身動きが取れない状態になっている。

これと同じように、私たちの体を構成するタンパク質の分子が自由に動き合うにも、ある程度の温度が必要で、温度が低くなると動きが止まってしまう。そうすると、細胞が破壊されて組織が壊死してしまったりする。これが凍傷だ。

人間の体というのは、体温の前後でちゃんと働くようにうまく作られているのだ。私たちの体も原子や分子でできているといわれても、なかなか実感することはないだろう。でも、火傷や凍傷で起こっていることをイメージすると、人間の体も原子や分子でできていることが多少は感じられるのではないだろうか。

まとめ

●人間の体を構成しているのも原子と分子

●分子の動きが激しくなりすぎると火傷になり、分子の動きが小さくなりすぎると凍傷になる

24 原子はどうやって証明された？

そもそも、あらゆるものが原子で成り立っているとはっきりとわかったのは、20世紀に入ってからだ。今からわずか100年ほど前と、比較的最近のことである。

これ以上分けられることのない小さな粒があり、その粒が集まって物質ができているという「原子説」は昔からあった。それこそギリシャ時代から存在した。しかし、原子はあまりにも小さく、直接目で見ることができなかったため、その存在を確かめることができず、「原子はあるのか、ないのか」一向に結論が出なかった。

それが、「やっぱり原子はあるんじゃないか」という風潮に変わったきっかけは化学反応式だった。たとえば、水素と酸素を燃やすと水ができる。このとき、水素分子と酸素分子と水分子の比は、必ず2対1対2だ。どんな化学反応においても、原子・分子の数が簡単な整数比であるときだけ反応する。また、反応前後で、原子の数は必ず一致する。

化学反応式が考えられた当時、原子や分子が実際に存在するかどうかは明らかになっていなかったものの、物質は永久に分割可能な連続したものではなく、原子や分子といった単位が存在するからこそ整数比で反応するのではないか、と考えられた。原子、分子という単位があると仮定すれば、化学反応を説明しやすかったのだ。

ただ、これだけでは原子や分子が存在するという証明にはならない。実際に存在することを示すには、「見る」ことが大事だ。

19世紀の初めになって、ロバート・ブラウンという人が、花粉を水に浮かべて顕微鏡で観察していたところ、花粉から出た微粒子があっちへ行ったりこっちに来たり、ランダムな動きをすることを発見した。これは「ブラウン運動」と呼ばれる。

植物学者だったブラウンは、最初は、生命現象のひとつではないかと考えたが、生命とは関係のない岩石や金属などの粉末を水に浮かべても同じように動くことを発見した。つまり、微粒子が何でできているかは関係なく、ブラウン運動が起こる原因は、まわりを取り囲む水のほうにあったのだ。

水も、水分子という粒の集まりでできている。その水の粒（分子）が右からぶつかれば花粉の微粒子は左へ動き、左からぶつかれば右へ動く。それを不規則に繰り返しているため、あっちへ行ったりこっちに来たりするのだ。この発見をきっかけに、それまでは仮説にすぎなかった原子、分子の存在が「どうやら本当にあるようだ」と考えられるようになった。

さらに、ブラウン運動によって「どれだけ微粒子が動き回るのか」を理論的に導き、数式に示したのが、あのアインシュタインだ。そして、ブラウン運動を正確に測定し、アインシュタインの理論が正しいことを確認したのが、ジャン・ペランという物理学者である。

ブラウン運動では、１グラムあたり原子が何個あるかによって、動きの激しさが変わる。たくさんの原子が密集していれば、右からも左からもたくさんぶつかりすぎて、結局はあまり動かない。ぎゅうぎゅうの満員電車の中では身動きが取れないのと同じようなものだ。一方で1グラムあたりの数が少なければ、たまたま右からポンと当たれば左へ動き、たまたま左からポンと当たれば右へ動くというように、動きが激しくなる。

よって、動きの激しさから1グラム当たりの原子の数を数えることができ、そうやって数えた値が、そのほかの幾通りかの方法で導き出された値と同じであったため、原子は実存することが認められていった。なお、ペランはこの業績が認められ、のちにノーベル物理学賞を受賞している。

こうして、原子・分子の存在は当たり前のものとなっていったのだが、その陰で、原子の存在を訴え、明瞭な理論を組み立てていったにもかかわらず不遇の最期を遂げた物理学者もいる。オーストリアのルートヴィッヒ・ボルツマンだ。

今でこそボルツマンは、「統計力学」という物理学の一分野を切り開いた人物として有名である。統計力学とは、あらゆる物質のふるまいを、個々の原子や分子の具体的な運動からではなく、多数の粒子の平均的な性質を計算することによって導き出そうという学問だ。彼は、まだ原子の存在が明らかになっていないときから「原子がある」と確信し、物体は原子の集まりであり、気体は原子が飛び回っているものと考え、原子論をベースに統計力学の理論を組み立てていった。

しかし、彼の研究は先を行きすぎていたため、当時の科学界でスムーズに受け入れられたわけではなかった。なかでもノーベル化学賞を受賞したヴィルヘルム・オストワルドと超音速の研究で有名な物理学者エルンスト・マッハという大御所が、直接見ることのできない原子を想定した理論に断固反対し、ボルツマンは激しい論争を繰り広げたという。そのせいか、晩年は精神を病み、最終的には自ら命を絶ってしまった。ペランが実験で原子の存在を証明したのは、1908年。ボルツマンが亡くなった2年後のことだ。

今でこそ、あらゆる物質が原子でできていることは誰もが知る事実だが、原子があまりにも小さく目に見えないために、その存在を立証するには長い年月を要した。

ちなみに原子がどれだけ小さいのかと言えば、1センチメートルの1億分の1ほど。これだけでもいかに小さいかがわかると思うが、もっと言えば、1リットルの水を半分にすることを85回繰り返すと、ようやく水分子の大きさになる。

これがどれだけ小さいかと言うと、地球上にある海の水をすべて米粒に変えたと想像してほしい。その米の海に対する米粒ひとつ分の割合が、1リットルの水に対する水分子ひとつ分の割合とちょうど同じだ。原子や分子がいかに小さいか、わかっていただけただろうか。

まとめ

◉原子論はギリシャ時代からあったが、証明されたのは20世紀に入ってから

25 原子を分解すると何になる？

原子が実際にあるとわかったら、次に気になるのは、「原子はどんなものなのか」だ。それがどのように解明されていったのかという説明は省くが、原子をさらに分解していくと、「原子核」とそのまわりを回っている「電子」という粒に分かれる。さらに、原子核をさらに分解すると、「陽子」と「中性子」といういくつかの粒が出てきて、さらに、これらの粒は「クォーク」と呼ばれる粒で構成されている。

クォークには現在6種類あることがわかっていて、そのうちの「アップクォーク」と「ダウンクォーク」の2種類で陽子と中性子はできている。アップクォーク2つとダウンクォーク1つで陽子、アップクォーク1つとダウンクォーク2つで中性子になる。つまり、クオークが3つ集まったものが、陽子、中性子だ。

ここで、「原子が物質を構成する最小単位であり、それ以上分割できない最小単位ではなかったのか？」と疑問に思った方もいるかもしれない。たしかにかつてはそう考えられていた。中学校の化学の授業ではそう習ったかもしれない。しかし、現在では、原子を分割していくと、最終的にはクォークに行き着くことがわかっている。このクォークこそが、物質をつくっている根源であり、それ以上は分解できない最小単位のひとつだ。

「ひとつ」と書いたのは、ほかにもあるからだ。原子を構成しているもうひとつの要素である「電子」も、それ以上は分解できない。クォークや電子のように、それ以上は分解できないと考えられている粒のことを「素粒子」と呼ぶ。

水を例に考えよう。水は水分子の集まりであり、水分子は「H_2O」だから水素原子と酸素原子で構成されている。さらに、水素の原子核はひとつの陽子で構成されていて、酸素の原子核は8個の陽子と8個の中性子で構成されている。そして、陽子と中性子は、前述したとおり、それぞれ3つのクォークの集まりだ。

こうやって分解していくと、どんな物質も構成している部品は同じ。ただ、部品の数と組み合わせが違うだけ、つまりは陽子と中性子の数と組み合わせが違うだけだ。

分子・原子・素粒子の大きさ

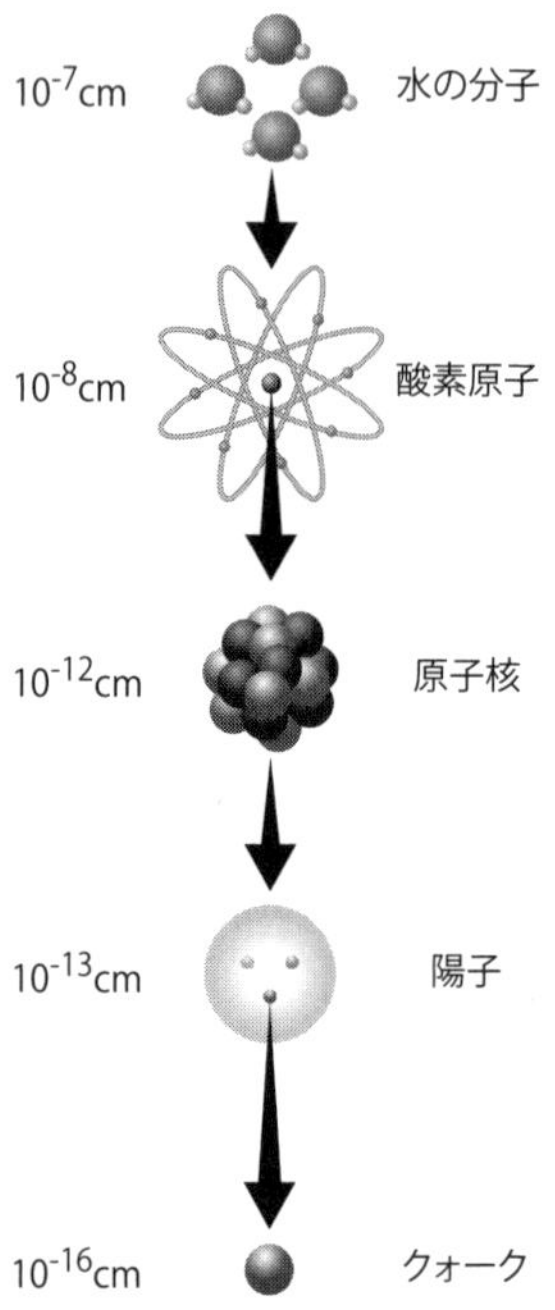

世の中にあるクォークや電子といった素粒子は、それぞれすべてまったく同じ性質をもっている。水素の原子核にある陽子を構成しているアップクォークも、酸素の原子核にある陽子を構成しているアップクォークもまったく同じもの。ただ場所が違うだけだ。

素粒子はすべて同じで個性がまったくないことを示す、簡単な実験がある。真ん中に仕切りのある箱の中に、アップクォークなり電子なり、同じ種類の素粒子を2つランダムに投げ込んだとする。そうすると、箱への入り方は幾通りあり、どんな確率で表れるだろうか。

普通に考えると、右側に2つとも入る場合、左側に2つとも入る場合、左右にそれぞれ1つずつ入る場合があり、最後の1つずつ入る場合にはAが右、Bが左に入る場合と、Aが左、Bが右に入る場合の2通りがあるので、全部で4通りになる。そして4通りの入り方は、それぞれ4分の1の確率で起こるはずだ。

ところが、素粒子の場合、AとBという区別ができないため、入り方は3通りしかない。しかも、3通りの入り方はそれぞれ3分の1の確率で起こる。不思議に思うかもしれないが、この結果は、素粒子というものが完全に同じものであることを意味している。

だから、まったく同じ〝部品〟で構成されているにもかかわらず、陽子が1つだと水素になり、陽子が2つ、中性子が2つだとヘリウムになり、陽子が3つ、中性子が4つだとリチウムに……と、〝部品〟の組み合わせ方によって、まったく性質の異なる原子（元素）になるのだ。

まとめ

◉世の中のすべての物質はクオークと電子でできている
◉クォーク3つで陽子、中性子になり、陽子と中性子の組み合わせで異なる原子になる

26 クォークとクォーク、陽子と中性子はどうやってくっついているのか

「原子を分解すると」という話を逆から見ていくと、クォークが3つくっついて陽子や中性子になり、陽子と中性子がいくつかくっついて原子核をつくり、原子核と電子がくっついて原子になる。では、3つのクォーク、陽子と中性子、原子核と電子はどうしてくっついているのだろうか——。

まず、原子核と電子がくっついている理由は、電磁気力だ。陽子はプラス、中性子は中性だから原子核はプラスの電荷を帯びている。一方電子はマイナスの電荷をもつから、プラスとマイナスで引き合う。また、原子と原子を結びつけて分子をつくるのも、電磁気力だ。

一方、原子核の中で陽子と中性子、3つのクォークを結びつけているのは電気ではなく、別の力だ。2章でも紹介したように「強い力」である。この強い力は、電気の力（電磁気

力）の100倍も強いことがわかっている。

さらに、強い力の正体は何かと言えば、力を媒介する素粒子「グルーオン」だ。グルーオンが行ったり来たりしながら力を及ぼすことで、3つのクォークがまとまり、陽子や中性子を構成し、陽子と中性子がまとまり、原子核を作っている。

そう聞いても、いまひとつわかりにくいだろう。粒子が行ったり来たりして引っ張り合うといわれても、私たちが知っている世界では、物と物の間を行き来する物が押すことはあっても引くことはない。でも、素粒子の世界では、私たちの経験とは異なることが起こるのだ（素粒子の世界を記述するのが量子論で、これについては7章で説明する）。

ついでに言えば、電磁気力でプラスとマイナスが引き合うのは光の粒（光子）が行ったり来たりして力を及ぼすからということが、量子論でわかっている。

まとめ

◉クォークとクォーク、陽子と中性子を結びつけているのはグルーオンが伝える強い力

27 素粒子はどこからやってきた？

世界にあるすべての物質は原子でできていて、その原子はクォークや電子という素粒子でできているのなら、では、それらの素粒子はどこからやってきたのだろうか——。

答えは、「宇宙ができた直後からあった」だ。

宇宙の初期、0・00001秒くらいまでの間は、素粒子がバラバラになって宇宙全体に満ち溢れていた。アップクォークやダウンクォーク、電子、グルーオン、光の粒である光子といった限られた種類の素粒子が、ほぼ均一にごちゃ混ぜになって宇宙空間を満たしていた。

その頃の宇宙は温度がとても高く、宇宙がはじまって0・0000000000001秒後の温度は摂氏1000兆度ほど、0・00001秒後では摂氏1兆度ほどの熱さだった。

そして、宇宙がはじまって0・00001秒以降になると、宇宙が膨張し、温度が徐々に下がっていくのに伴い、クォークが3つずつ集まり、陽子と中性子ができていった。

さらに、宇宙がはじまって4分後くらいになると、温度は8億度くらいになり、そのうち、バラバラに存在していた陽子と中性子がくっつき、原子核ができるようになる。このとき、中性子のほとんどはヘリウムの原子核（陽子と中性子が2個ずつ）に取り込まれ、残った陽子は、そのまま水素の原子核（陽子が1つ）になった。

宇宙がはじまってから数分後以降の世界は、水素原子核とヘリウム原子核、電子、ニュートリノ、光子が主な構成要素で、そのほかの原子核はほんの少ししかなく、これらの粒子がほぼ一様に空間に存在していた。

しばらくは原子核と電子はバラバラに飛び回っていたが、宇宙年齢が30万～40万年頃になると、水素とヘリウムの原子核に電子がくっつくようになり、中性（電荷がプラスマイナスゼロ）の水素原子やヘリウム原子ができていった。そうすると、宇宙空間に自由に飛び回る電子がほとんどなくなるため、光は電子に邪魔されることなくまっすぐに進めるようになり、この頃には宇宙空間を光で遠くまで見通せるようになった。このことを「宇宙の晴れ上がり」と呼ぶ。

さて、最初の問いに戻ろう。今あるクォークや電子といった素粒子はどこからきたのか、だった。冒頭でも述べたとおり、宇宙ができた直後からあったものが、今でも変わらず存在している。

宇宙の創成期とは違って、クォークとして単独で存在しているわけではない。陽子や中性子という形で存在することはできても、クォークをひとつだけ取り出すことはできないが、クォーク自体は不滅であり、宇宙ができた直後から、その数は変わらない。アップクォークとダウンクォークが入れ替わることはあっても、クォークができたり消えたりすることはなく、宇宙全体のクォークの数は一定に保たれている。

言い換えるなら、今ある宇宙を構成しているクォークのすべてが、最初の点のような宇宙のなかにすでにあったということだ。それだけぎゅうぎゅうに詰め込まれていたためにあまりにも近すぎて陽子や中性子という単位ではなく、クォーク単独で宇宙全体に満ち溢れていた。そのころの宇宙は「クォークスープ」と呼ばれている。宇宙の初期は、まさにクォークでできたスープのような姿だった。

まとめ

◉今あるクォークは、すべて宇宙ができた直後から存在する

28 宇宙の終わりまで不滅か

今あるクォークが宇宙のはじまりからあったとわかったら、次に気になるのは、それらが未来永劫、宇宙が終わるときまで存在し続けるのか、ということだ。今のところは、壊れないと考えられている。

しかし、宇宙ができてからまだ１３８億年しか経っていない。１００年足らずしか生きられない私たちにとっては１３８億年という時間は途方もなく長い時間のように感じられるが、宇宙の研究をしていると1兆年といった時間が普通に出てくる。

たとえば、暗い星は1兆年ほど輝き続けるとか、宇宙の膨張するスピードは1兆年先には非常に速くなるなど、1兆年という単位が結構出てくる。なおかつ、地球が誕生したのが46億年前で、生命もすぐに生まれているので生命の歴史が40億年強あるのに、宇宙の歴史はその3倍程度しかないとは、あまりに短いと思わないだろうか。

まだ138億年しか経っていないのだから、その10倍、100倍という年月が経ったときに何が起こるかはわからない。138億年の歴史のなかで起こらなかったことが、今後も未来永劫起こらないとは限らない。もしかしたらクォークが壊れることがあるかもしれない。

素粒子ではないが、クォークが3つ集まって強い力で束ねられている陽子も、非常に安定していて、放っておいても未来永劫、壊れることはないと考えられている。ちなみに中性子のほうは、原子核の中に取り込まれると安定するが、単体で置いておくと15分ほどで崩壊し、電子を放出して陽子に変わる。なおかつ、中性子と陽子がお互いに転換することはあるが、新しく生まれることはない。

だから、陽子と中性子を合わせた数も、宇宙の初期から変わっていない。今後も変わらないだろうと考えられている一方で、理論上は、陽子や中性子が壊れて電子と光になるかもしれないという仮説もある。それを検証しているのが、2章でも紹介したとおり、「カミオカンデ」だ。

陽子が安定していて壊れないということは寿命が長いということである。宇宙の年齢よりも寿命が長いとなると、永遠に壊れないのではないかと思うが、不滅なのではなく、単に宇宙の年齢よりもずっと長い寿命をもっているだけかもしれない。もし寿命が有限だとすれば、たとえ平均的には宇宙年齢よりずっと長い寿命だとしても、たくさん集めれば、なかにはちょうど今壊れるものがあってもおかしくはない。ということで、大量の水を用意し、そのなかの陽子が壊れる現象を見ようという目的で造られたのがカミオカンデだが、陽子の崩壊はいまだ観測されていない。ということは、陽子の寿命は永遠なのかもしれないし、有限だとしても検証できないほど十分に長いということだ。少なくとも宇宙年齢を遥かに超えていて、10の三十何乗年経っても壊れないことがわかっている。

私たちが生きている世界では形あるものはいつしか滅びるが、私たちを形作っている大本はこの先もほぼ永遠に存在し続ける。

まとめ

◉クォークの数も陽子と中性子の合計も、未来永劫、おそらく変わらない

29 私たちは死んだらどこへいくのか

日本人の平均寿命は年々延びているとはいっても、まだまだ100年足らずである。私たちは命が尽きたら荼毘に付され、体を構成していた酸素や炭素、水素、窒素などは気体となって地球にばらまかれ、そのうち他の生物などに取り込まれながら、どこかでリサイクルされていく。いわば輪廻のようなものだ。

原子は核融合（軽い原子核同士がくっついて重い原子核に変わること）や核分裂（重い原子核が2つ以上の原子核に分裂すること）が起こると別の原子になるので、原子の種類は変わっていくが、原子をつくっている大本は変わらない。たとえ核爆弾で多量の放射能を浴び、分子や原子の結びつきが壊れても原子核の中にある陽子や中性子が壊れることはない。それらをつくるクォークにも何の影響もない。つまり、不老不死なのだ。

だから、今私たちの体を作っている原子や陽子・中性子、クォークにも壮大な歴史があり、元をたどれば宇宙のどこか、太陽系のどこかを漂っていたはずだ。恐竜の体の中にいた時期があったかもしれないし、海底にひっそりと沈む岩の一部だったかもしれない。

ただし、その歴史をひも解くことはできない。今目の前にある原子がどんな変遷をたどってきたのかという情報は、一切刻み込まれていない。前述したとおり、世の中にあるクォークや電子といった素粒子は、すべて同じ性質をもっている。無個性だ。見分けることはできないのだから、その変遷をたどることもできない。

しかし、宇宙ができた頃に漂っていたクォークが太陽系のなかをさまよいながら地球にやってきて、なんの縁か、私たちの体を構成する一部となり、そして死後もどこかでリサイクルされていくと考えると、感慨深いものがある。

まとめ

◉私たちの体は、死後、分子や原子に戻ってリサイクルされていく

◉今の私たちを構成する原子、クォークも、かつてはどこかで別の物質を作っていた

30

意識はどこから生まれるのか、AIが進化すれば意識をもつのか

すべては粒子でできている、というのがこの章のタイトルだった。この世界はすべて原子でできていて、その原子はすべて素粒子でできていて、それは私たち人間も例外ではないわけだが、では、私たちの意識はどこから生まれてきたのだろうか。

結論から言えば、この問題は物理学では解き明かせない。物理学においても、意識は重要なファクターのひとつだ。とくに7章で紹介する量子論においては、人間の意識を無視して世の中を考えることはできない。しかし、「意識とは何か」ということ自体、まだ誰にもわかっていない。

脳は、電気信号をやり取りすることでさまざまな情報処理を行っている。もしも意識の

正体も電気信号ならば、コンピューター上でも作り出せるように思われる。しかし、どういったことを考えているときに脳のどの分野の電気信号が活発になるのかはわかってきたとはいえ、「意識はどこから生まれてくるのか」という問いへの答えとの間にはまだまだ大きなギャップがある。

脳の神経回路の仕組みをコンピューター上で再現しようとしたものをニューラルネットワークと呼び、人工知能（ＡＩ）にも活用され、大きな成果を挙げているが、さらにＡＩが進化し、コンピューターが人間とまったく同じような反応をするようになれば、果たして、それを意識と呼んでいいのだろうか。

将来的にコンピューターが本当に人間と同じような反応を示すようになったなら、そこに「意識がない」とは言い難くなるが、しかし、感覚的には私たちの意識とはちょっと違うような感じもぬぐえない。そもそも意識の正体が電気信号ならば、自分が自分である必要性がなくなってしまう。

では、自分が自分であるという意識はどこからくるのだろうか。「連続した記憶をもっているから」とも考えられるが、そうであるなら、それこそ、コンピューター上に情報を移し替えてしまえばどうなるのだろうか。そこには、自分がいるのだろうか。

脳内のすべての情報をコンピューター上にコピーすることで、自分という意識をもった存在が現れるならば、バーチャルな世界で永遠の命が手に入ることになる。実際、バーチャルな世界が好きで、コンピューター上で生きたいと言っていた研究者がいた。

しかし、もしも脳内の情報を2カ所に移し替えたなら、自分が分裂し、そこから2人の自分が違う人生を歩んでいくことになるのだろうか——。

考えても現時点で答えは出ないが、考えれば考えるほど、私には、恐ろしく思えてくる。

まとめ

◉意識は物理学においても重要だが、その正体はわからない

◉意識の正体が電気信号なら、バーチャルな世界で永遠の命が手に入るかもしれない

6章

時間はいつでも一定か

――相対性理論を考える――

31 GPSが正しいのは、相対性理論が正しいから

時間は過去から未来へ誰にとっても同じように進み、空間はいつも私たちを包み込むようにそこに存在している――。それが、多くの人にとっての当たり前の感覚ではないだろうか。しかし、この当たり前の感覚が実は不正解であることを示すのが、アルベルト・アインシュタインが打ち立てた「相対性理論」だ。

時間や空間は誰にとっても共通の絶対的なものではなく、見る人や立場によって異なる相対的なものだ、というのが相対性理論である。私たちの実感とは異なるため、相対性理論を信じない人たちは少なからず存在し、「相対性理論は間違っていた」と主張する書籍も20年ほど前までは数多く出ていた。おそらく読者のみなさんにとっても、時間や空間が相対的なものであるということは、すんなりとは受け入れがたいだろう。

では、みなさんはスマホやカーナビのGPS機能を使ったことはあるだろうか。GPSとは「グローバル・ポジショニング・システム（Global Positioning System）」の略。衛星電波を用いて、自分が今いる場所を知らせてくれるシステムだ。

スマホを手に動けば、地図上の自分の位置も刻々と変化するため、初めて訪れた土地でも迷うことなく目的地をめざすことができる。便利なツールなので、活用している人は多いだろう。

このGPSを使っているということは、すでに相対性理論を活用しているということになる。なぜなら、GPSが正しく機能するのは相対性理論が間違っていない証拠だからだ。どういうことか、まずはGPSの仕組みから説明しよう。

地球のまわりには、GPS用の人工衛星が複数旋回していて、位置情報と時刻情報を電波で発信している。その電波を、スマホやカーナビに搭載されたGPS受信機で受けると、電波を発信した時刻と受信した時刻の差から電波が届くまでにかかった時間がわかり、「速さ×時間＝距離」という単純な計算でGPS衛星から自分がいる場所までの距離がわかる。

ただし、1つのGPS衛星からの距離だけでは「この球面にいる」という情報しかわからない。GPS衛星が2つになると、球面と球面が交わる「円のどこかにいる」という情報になり、GPS衛星が3つになると、3つの球面が交わる点にビシッと決まるというわけだ。

そのため、原理的には3つのGPS衛星の情報があればいいのだが、GPSの場合、正確性が非常に重要だ。先ほど「速さ×時間」という単純な計算で距離を求めていると書いたが、電波の速さは光と同じ秒速30万キロメートルというスピードのため、ほんの少しのズレが大きな誤差を生んでしまう。だから、極めて正確な情報が必要になる。

GPS衛星側には「原子時計」が搭載されているため、300億年に1秒しか狂わないというほどに正確である。問題は、受け手側の時計だ。

ちなみに、原子時計の仕組みも簡単に説明しよう。原子は、決まった波長の光しか出さない。1秒間に何回振動するかは原子の種類によって決まっているため、原子から出てくる光の振動を正確に数えれば、ものすごく正確な1秒がわかる。

ただし、振動を正確に数えることが難しいため、原子自体はごくごく小さなものにもかかわらず、そこから出る光を測定するための装置はメートル単位の大きさになってしまう。

いずれにしても、この原子時計を搭載しているためGPS衛星側の時刻情報は極めて正

GPSの仕組み

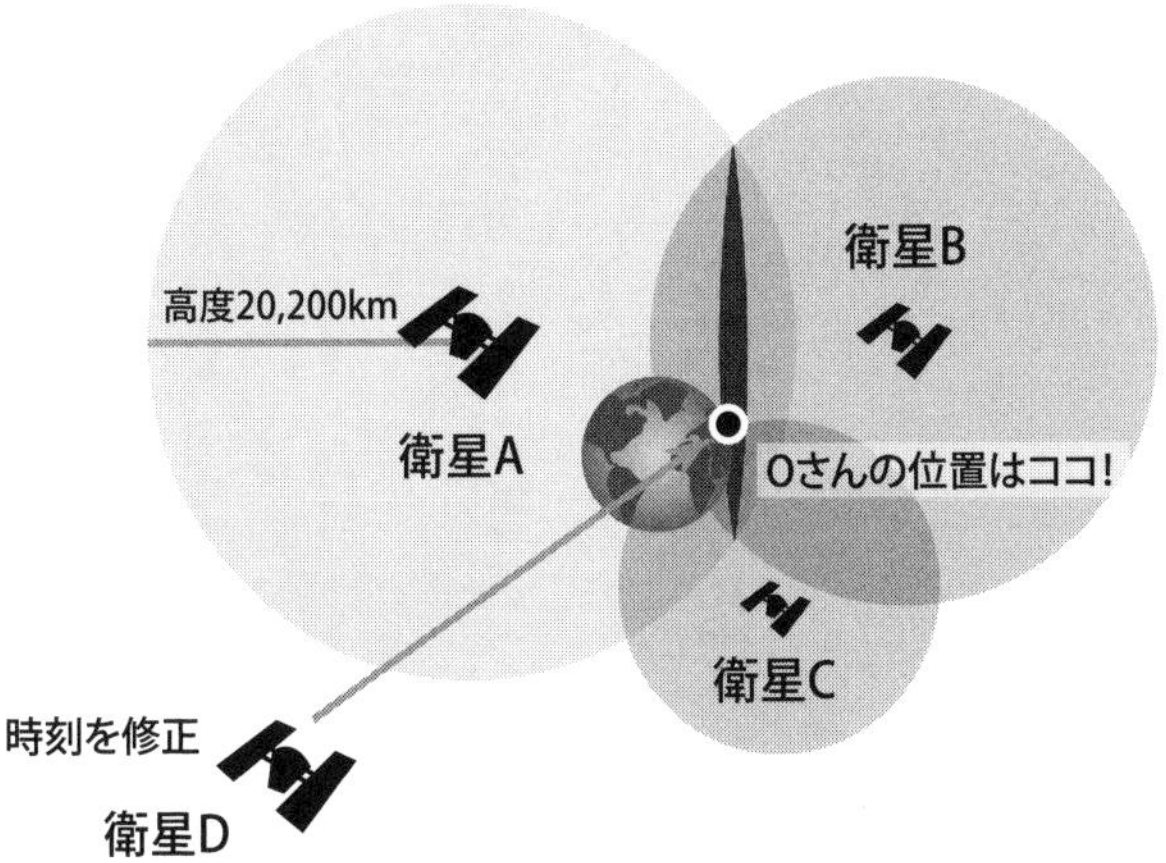

確なのだが、受け手側の時刻情報にはどうしても誤差がある。そこで、受け手である自分側の時刻を正しく合わせるために4つ以上のGPS衛星から電波を受信し、位置を特定している。

ここまでがGPSの基本的な仕組みだが、GPSでは、さらに誤差を取り除くためにさまざまな補正をしている。たとえば、大気の状態によって電波の進むスピードが変わるとか、地球は球体のように見えて遠心力で少し膨らんでいるため人工衛星も完全な円ではない軌道を描いている、など、さまざまな条件を考慮したうえで正確な距離を出しているのだが、そのうちのひとつに相対性理論がある。

相対性理論には、動いているものの時間は遅く進むという「特殊相対性理論」と、重力がかかると時空間がゆがみ、時間が遅く進むという「一般相対性理論」の2種類がある。GPSには、正確な距離を割り出すために、この両方の理論が応用されている。2つの相対性理論とはどういうものなのか、次の項目以降で説明しよう。

まとめ

◉ほんの少しのズレが大きな誤差を生むGPSでは「正確な時間」がとても大事

◉GPSでは、相対性理論を応用し、時刻の補正を行っている

32「特殊相対性理論」って何？

特殊相対性理論も一般相対性理論も、アインシュタインが提唱した理論だ。どちらも、基本的な考え方は彼がほぼ独力で築き上げたものである。

時間や空間は観測者によって異なって見える、つまり相対的なものである――というのが相対性理論だが、アインシュタインがこの一見不可解な理論を導き出したきっかけは、「光」だった。

光は、波の一種である。日常生活のなかでは光はただ直進しているように感じるかもしれない。それは、光の波の波長が極めて短いからだ。

ジェームズ・マクスウェルという物理学者が、光は電磁波という波の一種だと証明したのが1864年のことだが、このとき、大きな疑問が生じた。光が波であるなら、波を伝える物質があるはずである。たとえば、水面上の波は水を伝わる。音も音波という波で、空気を揺らしながら伝わる。ところが、光の波を伝えるものが見つからなかったのだ。光は、真空のなかも伝わる。わかりやすいのが、太陽の光だ。太陽の光は空気のない宇宙空間を通り抜けて、私たちが暮らす地表へと降り注ぐ。一方で、音は真空では伝わらないので、太陽の表面で爆発があっても、その音が地球に降り注ぐことはない。

当時の物理学者たちは、「真空中にも光を伝える何らかの物質があるのではないか」と考え、その正体不明な物質を「エーテル」と名づけ、血眼になって探した。

しかし、エーテルが宇宙空間を満たしているとすれば、そのなかで自転、公転している地球は、常にエーテルの風を受けていることになる。そうすると、エーテルの風と同じ方向では光の速さは少し速くなり、エーテルの風と反対の方向へは光の速さは少し遅くなるはずだが、どんなに精緻に測定を行っても、光の速さは、地球の運動とは関係なく、常に一定だった。つまりは、エーテルなるものが存在すると考えること自体が、正しくなかったということだ。

なおかつ、光の速さは、観測者が動いていても止まっていても常に一定だった。光の進行方向に追いかけながら測定しても、光の進行方向とは逆方向に動きながら測定しても、光の速さは秒速約30万キロメートルで一定だった。

常識的に考えるなら、光を追いかけながら測定すれば、追いかけた速さの分だけ、光は遅く進むように見えるはずである。逆に、光の向きと逆方向に動きながら測定すれば、その分、光は速く進むように見えるはずである。しかし、どんなに実験してもそうはならなかった。

なぜ、こうした非常識的な結果になるのか――。多くの物理学者は、あくまでもエーテルは存在していると考え、エーテルの風を測定できない理由のほうを考えた。ところが、若きアインシュタインは、「時間と空間が固定されたものだ」という従来の常識のほうを捨てた。

光の速さは常に変わらない。速さとは「進んだ距離」を「かかった時間」で割ったものなのだから、光の速さが誰にとっても秒速30万キロメートルで変わらないのなら、時間や空間が観測者によって異なっているのではないか、と考えたのだ。これが、アインシュタインが最初に提唱した「特殊相対性理論」だ。

動いている人と止まっている人の時間と空間

秒速30万キロメートルで遠ざかっていく光を、秒速10万キロメートルで追いかけているロケットがあるとしよう。地球上で止まっている人がその様子を見れば、光と追いかけているロケットは秒速20万キロメートルで離れているように見える。ところが、追いかけているロケットに乗っている人にとっては、光の速さは依然として秒速30万キロメートルのまま。それは、秒速10万キロメートルで追いかけている人は、止まっている人とは異なる時間と空間を経験しているからだ。

止まっている人が動いている人を見ると、時間が間延びして見える。

また、止まっている人は、動いている人の長さが進行方向へ縮んで見える。

さらに言えば、「同時刻かどうか」ということも、観測者によって変化する。ある人にとって、離れた場所で起きた2つの出来事が同じ時刻だったとしても、動いている人にとっては、その出来事が違う時刻に起こったことになる。

そんなことあるわけがない、と思うだろう。しかし、止まっている人と動いている人の

伸び縮みする時間と空間

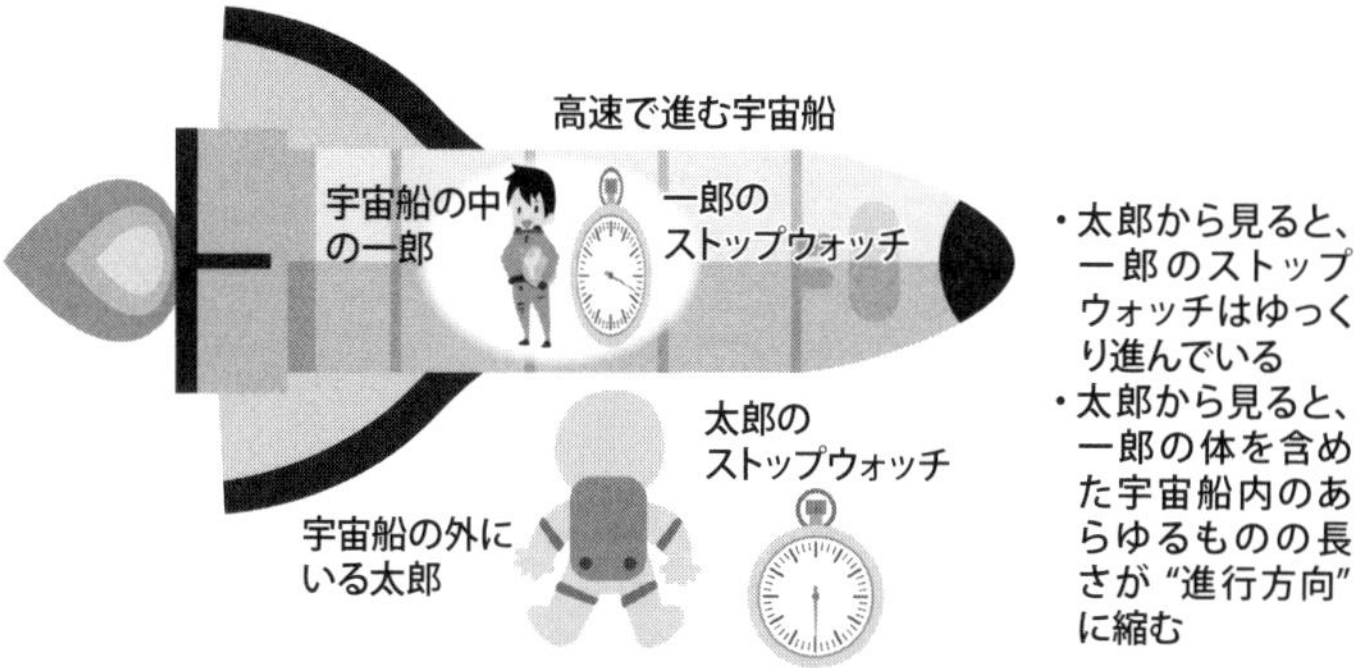
高速で進む宇宙船
宇宙船の中の一郎
一郎のストップウォッチ
太郎のストップウォッチ
宇宙船の外にいる太郎
・太郎から見ると、一郎のストップウォッチはゆっくり進んでいる
・太郎から見ると、一郎の体を含めた宇宙船内のあらゆるものの長さが“進行方向”に縮む

時間と空間がどのような関係にあるのかを調べ、得られた「ローレンツ変換」と呼ばれる数式を使うと、矛盾なく説明することができる。

なおかつ、高速で運動する物体の時間がゆっくり流れることは、現在では高い精度で実験的にも確かめられている。その結果は、特殊相対性理論の予言するとおりであった。

ところで、さらに読者を混乱させてしまうかもしれないが、止まっている人にとっては相手が動いているとしても、その相手から見れば、〝止まっている〟人のほうが遠ざかっていくわけだから、その人が動いているように見える。そうすると、また奇妙な結論が導かれる。

止まっている人にとって動いている人の時間は間延びして見えると書いたが、動いている人にとっては止まっている人のほうが動いているように見えるので、相手の時間が間延びして見えるのだ。つまり、お互いに相手の時間が遅れているように見える。

どちらの時間が正しいのか、どちらの時間が遅れているのか……と聞きたくなるかもしれない。しかし、どちらも正しい。矛盾しているわけではなく、単に相対的なものなのである。猛スピードで動いたからといって、自分の時間が遅くなっているという自覚があるわけではない。時間が遅くなっていると言っても、よそ様から見た時間がそうなって見えるだけで、自分の感じる時間に変化は何もないのだ。

まとめ

◉止まっている人と動いている人では、異なる時間と空間を経験している

◉止まっている人が動いている人を見ると、時間が遅く進んでいるように見える

◉止まっている人が動いている人を見ると、縮んで見える

33 「一般相対性理論」って何？

アインシュタインが特殊相対性理論を作り上げたのが1905年。その10年後に発表したのが「一般相対性理論」だ。

特殊相対性理論は、一定の速さでお互いに動いている観測者（同じスピードで動いている人と止まっている人など）の間に、どういう関係があるかを教えてくれるものであり、加速したり減速したりする場合を一般的に扱うことはできない。それをどんなときにも当てはまるよう一般化したのが、一般相対性理論である。

この一般相対性理論が画期的なのは、「重力」という力を〝時間と空間のゆがみ〟で説明したところだ。

一般相対性理論が作り上げられるまで、重力とはニュートンの万有引力の法則で説明されていた。みなさんも、そう習っただろう。

しかし、ここでちょっと考えてほしい。なぜ、離れたところにある物の間に引力が働くのだろうか。学生時代の授業でも、万有引力の法則は習ったはずだが、「なぜそのような引力が働くのか」ということは習わなかったはずだ。なぜなら、ニュートン自身、何も語っていないからだ。

万有引力の法則でいろいろな現象が説明できるのだから、その原因についていろいろと仮説を立てる必要はない、私は仮説を作らない——。そうニュートンは言ったそうだ。

そこでアインシュタインは、相対性理論という新しい考え方をもとに、万有引力がどうして発生するのかを考えた。そして、10年もの歳月をかけて、重力を説明する新しい理論を完成させた。

一般相対性理論によると、重力の正体は、時空間のゆがみである。つまり、物体があると、そのまわりの時空間がゆがみ、重力が生まれる。

こう聞いても、なかなか理解しがたいだろう。イメージを助けるためによく引き合いに出されるのが、トランポリンだ。誰も乗っていないトランポリンの表面は平らになっている。そこに大きなボウリングの玉を置くと、置いたところを中心にしてトランポリンの表面が凹み、まわりに坂ができる。そこにパチンコ玉を転がすと、そのパチンコ玉はボウリングの玉に引き寄せられるように坂を下る。

次に、パチンコ玉の代わりに、もうひとつボウリングの玉を置いたらどうだろうか。今度はどちらのボウリング玉もお互いに引き合うように近づいていく。

このトランポリンの表面のゆがみが、時空間のゆがみだ。ゆがんだ時空に置かれた物体同士には、ゆがんだトランポリンの上と同じように、引力が働いて引き合う。そして、パチンコ玉よりもボーリング玉を置いたほうがトランポリンの表面が凹むように、時空間も、物体の質量が大きければ大きいほど、そのまわりのゆがみが大きくなる。

万有引力の法則とは、物体がまわりの時空間をゆがめるために、その近くにある別の物体が時空間のゆがみにさらされ、物体同士が引き合う、と説明できる。つまり、物体同士が直接引き合うのではなく、時空間のゆがみを通じて引き合っている。

こうした時空間の性質は、「リーマン幾何学」という数学を使って正確に表すことができる。リーマン幾何学とは、曲がった時空間を扱うことのできる数学で、一般相対性理論が提唱される前から数学者によって考えられていたものの、当初は現実世界を表すものとは考えられていなかったという。

アインシュタインは、古くからの友人だった数学者のマルセル・グロスマンから手ほどきを受け、リーマン幾何学を習得したことで、一般相対性理論を完成させた。

GPSに相対性理論はどう使われているのか

ところで、GPSのことに話を戻そう。前述したとおり、GPSの時刻の補正には、特殊相対性理論と一般相対性理論の両方が応用されている。

まず、GPS衛星は秒速4キロメートルもの高速で動いている。そのため、地球から見ると、わずかながら時間は遅れていく。これは、特殊相対性理論の効果だ。

また、地球上と空の上では、重力の大きさが違う。一般相対性理論によれば、重力の正体は時空間のゆがみなので、重力が大きく働く場所では時空間のゆがみも大きくなる。時間に関して言えば、時間の進みが遅くなるということだ。そのため、空の上に比べると重力の大きい地球の表面では、空の上に比べて時間の進みは遅くなる。

この両方を考えると、重力の違いによる影響のほうが大きく、差し引きするとGPS衛星に比べて地球上の時間の進みのほうがやや遅くなる。といっても、1日あたり100万分の数秒という差なのだが、それでも秒速約30万キロメートルという電波の速さを考えると、大きく距離がズレてしまうため、GPSでは、この差を正確に計算し、正確な距離を導き出している。

まとめ

◉重力の正体は、時空間のゆがみ

◉物体の質量が大きければ大きいほど、そのまわりの時空間のゆがみは大きくなる

◉重力が大きく働く場所ほど、時空間はゆがみ、時間の進みは遅くなる

34 アインシュタインはなぜ「天才」なのか

時間や空間は誰にとっても共通の絶対的なものではなく、相対的なものである、時空間のゆがみによって重力が生じる――といった相対性理論は、私たちの常識とは異なるため容易には受け入れがたい。その常識を打ち破ったところに、アインシュタインのすごさがある。

彼が一般相対性理論を発表した当時、この理論を理解する科学者は世界に数人しかいなかったという伝説もあるほどだ。その真偽のほどはさておき、どうしても常識にとらわれ、ついていけなかった人は多くいたはずだ。

なおかつ、一般相対性理論は、アインシュタインの〝頭の中〟から生まれた。このことも彼が天才といわれる所以だ。

というのは、物理学は通常、実験結果から既存の理論とのズレを見いだし、そのズレを手掛かりに、新しい理論を探していくことで発展していく。これまでの理論では説明することのできない何らかの実験結果が先にあり、「なぜ、理論とズレるのか」「なぜ、こうした現象が起こるのか」を世界中の科学者が懸命に考えるなかで、新しい理論が生まれる。そういう意味では、特殊相対性理論が、光の速度が常に一定になるという観測結果をきっかけに生まれたのは、物理学の通常の発展のプロセスだった。

だが、アインシュタインが一般相対性理論を考え出したときには、ニュートンの万有引力の法則では説明できないズレが現実のなかではっきりと見つかっていたわけではなかった。一般相対性理論でなければどうしても説明できない観測結果があったわけではない。

物体と物体の間に何もないのになぜ引力が働くのかという素朴な疑問から、アインシュタインは頭の中で考えを巡らし、時間と空間が曲がっていると考えればつじつまが合うと閃き、一般相対性理論を作り上げていった。そして、それが本当に正しいかどうかを確かめるために科学者たちが実験を行ったら、これまでのニュートンの理論ではズレが生じ、一般相対性理論が予言するとおりの結果が導き出された。

通常とは逆のプロセスで、一般相対性理論は生まれた。だからこそ、歴史上、数多くいる物理学者のなかでも、いまだにアインシュタインは特別な人といわれる。天才としか言いようがない、卓逸した閃きの持ち主だったのだ。

まとめ

◉物理学は、既存の理論と現実とのズレを手掛かりに発展していく

◉アインシュタインは一般相対性理論を頭の中で組み立ててから、ズレを見つけた。閃きの天才だ

35 時空のゆがみはどうやって証明されたのか

ここで、時間と空間が曲がっているという一般相対性理論が現実的に正しいということはどうやって証明されたのか、疑問に思わないだろうか。私たちがふだん生活するなかでは時空のゆがみを経験することはない。では、どうやって証明されたのか。

一般相対性理論によると、重力のある場所では時空間が曲がっているので、そこを光が進むとわずかに進路を曲げられる。この現象を、太陽のそばをかすめる遠くの星を観測することで確かめようということになった。

星の光が太陽の縁をかすめて地球までやってくる場合、太陽の重力によって太陽のまわりの時空間がゆがむので、光は太陽に吸い寄せられるように少しだけ曲がって地球に届く。地球から見ると、星が、本来見えるはずの場所よりも、わずかに太陽から離れた場所に見えることになる。

星の光に対して太陽は遥かに明るいため、ふだんは観測することが難しいが、月が太陽を隠す「日食」のときならば、観察が可能だ。そこで、太陽全体がすっぽりと月に隠れる皆既日食の機会を狙って、観測が行われた。

イギリスの天文学者アーサー・エディントン率いる観測チームがアフリカのプリンシペ島に向かい、皆既日食時に実際に観測を行ったところ、一般相対性理論が予言するとおりに星の光は曲がっていることが観測された。角度にして、2秒弱。なお、「秒」というのは1度の3600分の1を表す角度の単位だから、ごくごくわずかな屈折だ。当時の観測技術で確認できるギリギリの角度だったという。

ちなみに、ニュートンの万有引力の法則では、重さのある物体に直接重力が働くので、重さのない物体には力はまったく働かない。光には重さがないので、ニュートンの理論が正しいのなら、光が太陽のそばを通っても進路を曲げられることはないはずだ。

ただし、ニュートンの理論でも光を無限に軽い粒子だと考えると、一応、光が曲がる現象を予言することはできる。しかし、その角度は、一般相対性理論で予言される角度のちょうど半分であり、実際の観測結果は、一般相対性理論のほうが正しいことを示していた。

この観測結果は多くの新聞や雑誌にセンセーショナルに取り上げられ、アインシュタイン

重力で時空がゆがむ

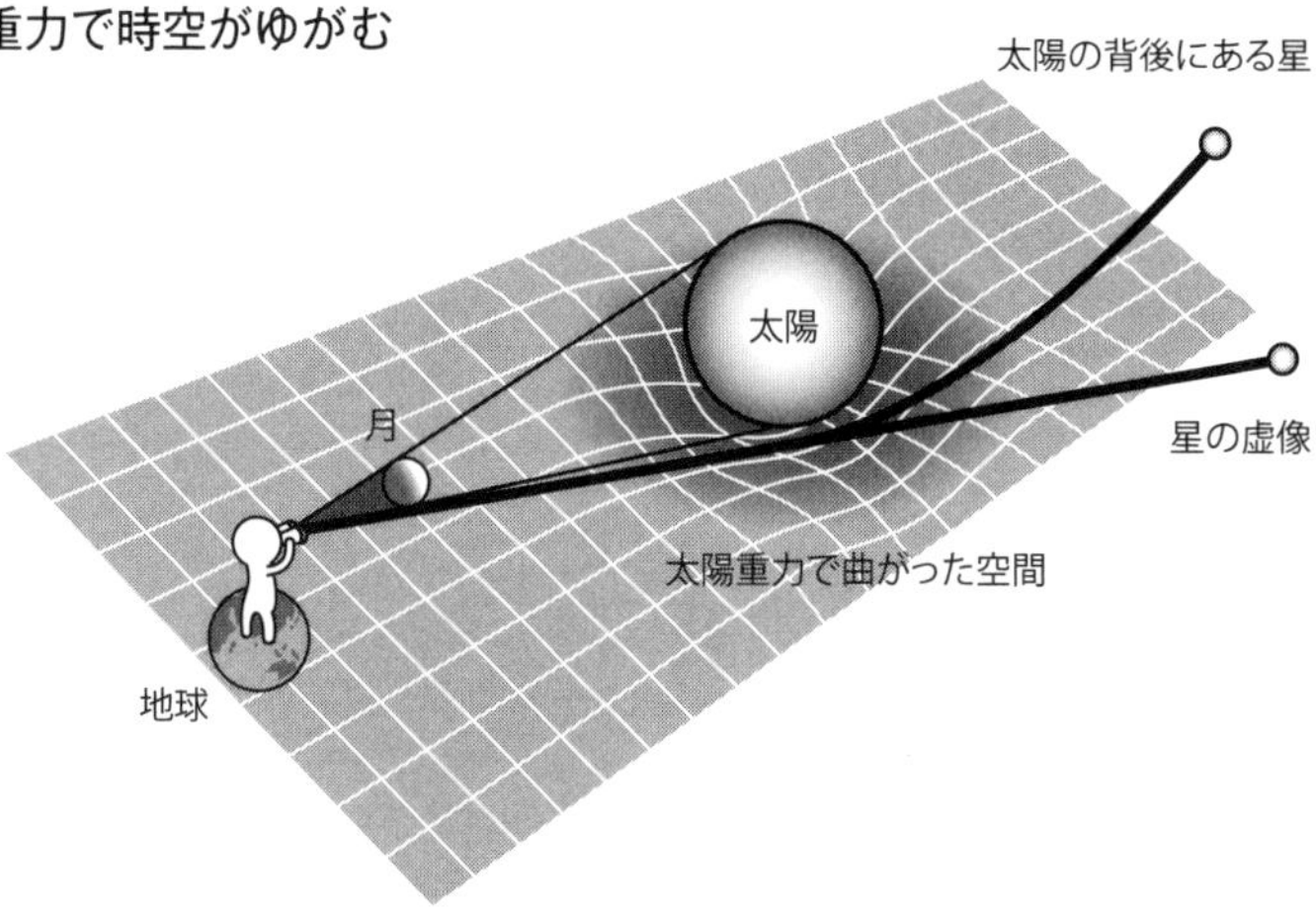

は一躍、世紀の天才として世に知られることになった。

こうして一般相対性理論の正しさが証明されたのだが、アインシュタイン自身は、この観測結果が出る前に、水星が太陽のまわりを公転するときの軌道運動を計算することで、一般相対性理論の正しさを確信していたらしい。

水星は、最も太陽に近い場所を公転する惑星だ。そのため、太陽系のなかで一般相対性理論の効果を最も大きく受ける惑星である。

ニュートンの万有引力の法則を使って水星の軌道を詳細に計算すると、わずかながら現実の軌道とはズレがあった。そこで一般相対性理論を使って計算したところ、現実とぴったり合っていたのだ。それでアインシュタインは一般相対性理論が正しいことを確認したそうだが、そうした計算を行ったのも、理論ができあがった後のことだ。理論を作り上げるときにデータを使ったわけではない。繰り返しになるが、頭の中で導き出したのだ。

まとめ

◉時空間がゆがんでいるのなら、光も曲がる

◉太陽のすぐそばを通る星の光が曲がっていることから、一般相対性理論の正しさが証明された

36 ビルの高層階では時間がゆっくり進む？

相対性理論の正しさは証明されているとはいっても受け入れがたいのは、ひとつには時空間のゆがみを想像することが難しいからだろう。私たちは三次元までは思い浮かべられるが、四次元目の方向は思い浮かべられない。イメージができないうえに、ゆがみを実感することもないため、時間も空間もまっすぐに広がっているはずだと思い込んでしまう。

動くものの時間は遅く進むとはいっても、光の速さよりも十分に遅い運動であれば相対性理論の効果はとても小さく、ニュートン力学が十分な精度で成り立っている。私たちの身の回りのものの速さは、新幹線でも時速300キロメートル程度で、秒速30万キロメートルという光の速さに比べれば十分すぎるほど遅い。光の速さの数百万分の1でしかない。飛行機（旅客機）にしても時速900キロメートル程度だ。

また、重力が働く場所では時空間がゆがむとはいっても、当然ながら、日常生活でゆがみを感じることはない。重力が強いほど時空間のゆがみが大きくなるが、地球のまわり程度の重力であれば十分に小さく、地球付近で起きていることを説明するにはニュートン力学で事足りてしまう。

しかし、日常生活のなかで感じることがないからといって、私たちのまわりに時間や空間のゆがみが存在しないわけではない。精緻に測定すると、地球上でも相対性理論の効果を測定することができる。

たとえば、ビルの1階と屋上では、ごくごくわずかながら異なる時間と空間が広がっている。そのため、ビルの1階に置いた時計は、屋上に置いた時計よりもごくごくわずかにゆっくり進む。もちろん、私たちがふだん使っているような時計では計測できないほどの、わずかな差だ。でも、前述した原子時計を使えば、わずかながら時間の進みが違うことを確認することができる。

具体的にどれくらい違うのかと言えば、634メートルの東京スカイツリーのてっぺんと地上では1日に100億分の1秒ほど時間の進み方が異なるという程度だ。つまりは100億日でようやく1秒ほど。

ごくごくわずかな差ではあるが、実際にズレていることが測定で確認できている。こうしたことからも相対性理論の正しさは証明されており、実は私たちも、ふだんの生活で感じることはないとはいえ、ゆがんだ時空間のなかで暮らしている。

まとめ

◉相対性理論の効果が表れ、ニュートンの理論では説明できなくなるのは、光の速さに近い速度で動くときや、とてつもなく強い重力が働く場合

◉だが、私たちのまわりの時間と空間もゆがんでいる

◉ビルの上と下、スカイツリーの上と下では異なる時間と空間が広がっている

37 ブラックホールの存在は相対性理論から導かれた

ブラックホールは、物理学に苦手意識のある人にとっても興味があるもののひとつだろう。以前に、物理学専攻ではない大学生に物理学を教えていたとき、学生たちから必ず質問されたのが、ブラックホールのことだった。

ブラックホールとは、とてつもなく重く、あまりに強い重力のために近くにあるものは何でも強く引きつけ、光さえも外へ出てこられない天体のことだ。

質量の大きな恒星（自ら光り輝く星）は、最終的には爆発して一生を終える。重い星は重力が強いため、常に内側へつぶれようとする力が働いている。内部で原子核反応などを起こして外への力を生じさせることで自らの大きさを保っているのだが、原子核反応が進みすぎると燃料がなくなる。そうしてどんどんつぶれていき、それでも何らかの方法で支えようとはするのだが、最終的に「これ以上支えられない」というところまでくると、星の表面がバサッと一瞬で落ちて中心で跳ね返り、爆発する。

ブラックホールは、爆発の後に取り残された天体と考えられている。太陽より約25倍以上も質量の大きな恒星が爆発すると、その後に残される星のかけらの重力が強すぎてブラックホールになってしまう、というのが現在の物理学の考えだ。


光さえものみ込んでしまうブラックホールは、直接見ることはできない。では、どうやって見つかったのかと言えば、最初は、理論だった。理論的に「こういうものがあるはずだ」と予言されたのだ。それを導き出したのも、相対性理論だった。

アインシュタインが一般相対性理論を発表した1915年に、天文学者でドイツのポツダム天文台長だったカール・シュヴァルツシルトが、一般相対性理論の核である「物質があると時空はどう曲がるのか」を示した方程式（アインシュタイン方程式と呼ばれている）をもとに、ブラックホールができる可能性を計算上、初めて示した。

なお、一般相対性理論が生まれる前にも、ブラックホールのような天体の存在を指摘する科学者はいた。通常、物を上に投げれば、地球の重力で戻ってくる。地球の重力を振り切って外へ出そうとしたら、秒速11・2キロメートル以上の速さで投げなければいけない。

では、地球よりもっと小さく、もっと重たい天体だったらどうだろうか。その場合、より重力が強いため、さらに速度を上げなければ、重力を振り切ることはできない。光はとてつもなく速いとはいえ、その速度は有限だ。天体を小さく重たくすれば、いずれは光の速さよりも速くなければ外に出られなくなってしまう。そう考えると光が出てこられない天体があるのではないのか、と予想した科学者はいた。

しかし、当時は光の正体がよくわかっていなかった。光が粒だと考えればそういうこともあり得るだろうが、光が波だとすれば、たとえ重力が十分に強い天体があったとしても出てこられるのではないか。そのように考えられ、一般相対性理論が出るまでは、ブラックホールの可能性は指摘されても、あまり取り沙汰されることはなかった。

ところが、一般相対性理論が導き出したブラックホールの正体は、時空のゆがみだ。時間と空間が極限までゆがんでしまうため、ブラックホールの表面では時間が遅くなるどころか、外から見ると、そこで時間が止まっているかのように見える。そして、ブラックホールの中から外へ出られるような時間軸は存在しなくなってしまうため、一度入ったものは二度と出ることはできない。

時空が曲がっているとすれば、粒だろうと波だろうと出てこられない。時空間自体が曲がっていれば、まっすぐに進んでいてもブラックホールの中に落ちてしまうからだ。

一般相対性理論からブラックホールの存在が導き出されたときには否定のしようがなかったため、ブラックホールは本当にあるのか、科学者の間で真剣に議論されるようになった。そして、ブラックホールがあると確実視されるようになったのは、１９７０年代に入ってからだ。

ブラックホールそのものを直接観測した人はいまだにいないが、ブラックホールほどの重い天体でしか説明のしようがない天体現象はいくつも見つかっている。なおかつ、最近の宇宙の観測により、おそらくブラックホールだろうという天体はいくつも見つかっている。

まとめ

◉ブラックホールとは、とてつもなく強い重力で時空がゆがんだ天体

◉時空間そのものがゆがんでいるため、光さえも外に出られない

38 ブラックホールの先にはホワイトホールがあるのか

ブラックホールの中心部には、「時空の特異点」と呼ばれる場所がある。時間と空間のゆがみが無限に大きくなっているため、現在の物理学では意味のある計算ができなくなってしまう。いわば、時空の裂け目のような場所だ。

その先がどうなっているのか、正確に計算する方法は今のところない。ただ、ひとつの可能性として、ブラックホールの出口には「ホワイトホール」というものがあるという説がある。

ホワイトホールは、何でも吸い込んでしまうブラックホールの逆で、物質をバンバン放出する天体だ。ひとつの仮説として、ブラックホールに落ちたものが特異点を通り抜けてホワイトホールから出てくるのではないかと考えられている。ただし、あくまでも仮説であって、本当にあるかどうかはわからない。もちろん見つかってもいない。

もし本当にホワイトホールが存在するのなら、ブラックホールと同じ数だけホワイトホールがあってもよい。ブラックホールらしきものが多数見つかっているなか、ホワイトホールらしきものはいまだにひとつも見つかっていないということは、おそらく存在しないのではないだろうか。

そうすると、ブラックホールに落ちたものはどこへ行くのか……。謎のままである。

まとめ

◉ブラックホールの出口がどうなっているのかは、最先端の物理学でも予測不可能

39 ワープもタイムマシンも現実に？

時間や空間が曲がると聞けば、離れた場所へ瞬時に移動する「ワープ」や、未来や過去に移動する「タイムマシン」を思い描く人も多いだろう。どちらもSF世界のものと思うだろうが、物理学の理論について研究する理論物理学者の間では、これらが実現可能かどうか、真剣な議論が行われている。

時間や空間が曲がるということは、離れた2地点を近づけるようにぎゅぎゅぎゅっと曲げ、その2地点をつなぐトンネルを作れば、空間をショートカットすることができるはずだ。時空間が二次元の平面だとすれば、一枚の紙をU字にぐにゃりと曲げるようなイメージだ。そして、図のように近づいた2地点をつなぐトンネルを作れば、空間をワープできることになる。こうした時空をつなぐトンネルのことを「ワームホール」という。

時空間の平面イメージ

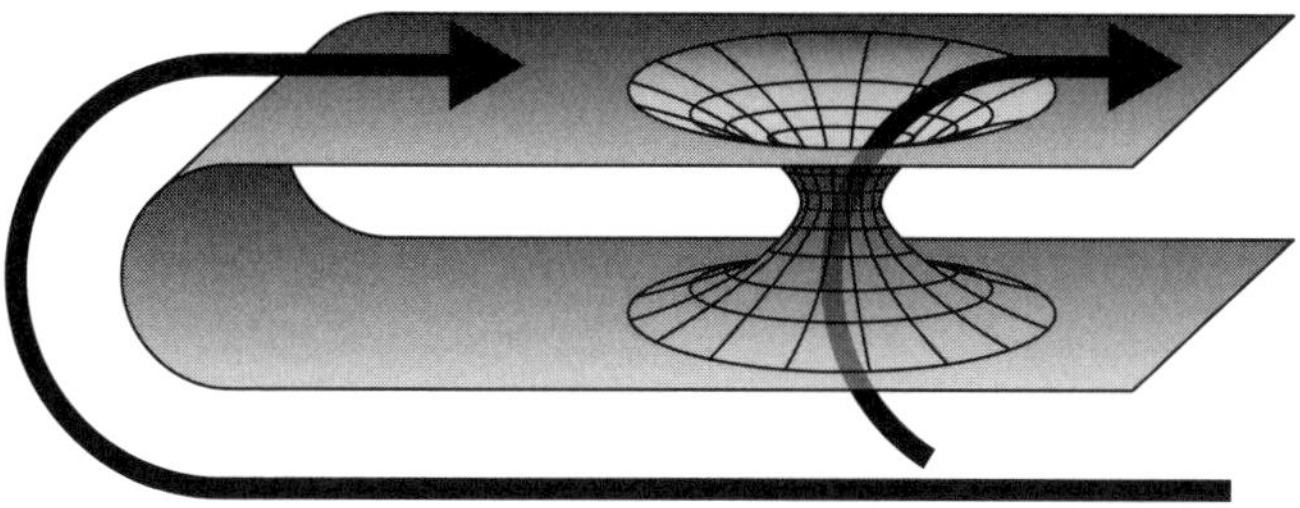

ワームホールは本当に作ることができるのだろうか。

理論上の答えは、「できる」だ。ただし、ワームホールは非常に不安定であり、放っておくとすぐに壊れてしまう。なおかつ、曲がりが大きいと、全体に異なる力の重力がかかるため、上下にギュッと引き伸ばされてしまう。異様な重力を感じないようにするには、曲がりを感じないほど大きくしなければいけない。

だから、人が出入りできる大きさのトンネルを安定して保つにはどうすればいいのかが課題だった。その答えを示したのが、マイケル・モリスとキップ・ソーンだ。

彼らは1988年に、ワームホールのくびれた部分にマイナスのエネルギーをもつ物質を詰め込んでおくとトンネルを安定化できる可能性があることを、理論上証明した。プラスのエネルギーをもつものは重力をもつので、穴をぐぐっと縮める働きをしてしまう。つぶれないようにするには、マイナスのエネルギーで引っ張る必要がある。

ここで、「マイナスのエネルギーをもつ物質とはどういうものか」と疑問に思わないだろうか。私たちが知っているエネルギーはすべてプラスだ。だから、「もしもマイナスのエネルギーをもつ物質があったら」という仮定の話ではある。さらに、どうやってトンネルを作るのか、どうやって時空間を曲げるのかという技術的な問題も立ちはだかるが、少なくとも、マイナスのエネルギーをもつ物質が見つかれば、理論上、ワームホールには実現可能性があり、空間をワープできる可能性は否定できない。

ワームホールが本当に作られたとして、入り口と出口を同じ時間にすれば、ドラえもんのどこでもドアと同じような瞬間移動になるが、別の時間に出てくるように出口を作れば、それはタイムマシンになる。そんなワームホールの作り方も研究されている。

特殊相対性理論を思い出してほしい。超高速で動くものは時間の進みが遅れるという理論だった。そこで、ワームホールの出口を光速に近いスピードでグルグル動かして、入り口のすぐ近くにもってきたらどうなるだろうか。

出口のほうの時間の進み方は入り口にいる人から見て遅れるのだから、たとえば、入り口のほうでは10時間経っているのに、出口のほうでは1時間しか経っていないということが起こる。つまり、ワームホールを通れば、9時間前の世界に出られる。出口をどれだけ速く動かすか、どれだけの時間動かすかで、何年後の過去に出るかをコントロールすることは可能だ。

本当の過去に行けるタイムマシンは、理論上、否定されているわけではない。一般相対性理論によって、時間も空間もただ一直線に伸びているとは限らないことがわかった。ということは、時間の軸をぐるりと輪を描くようにして、未来の時間を過去の時間につなぎ合わせれば、未来に進んでいるはずがいつのまにか過去に戻っていたということが起こる。ワームホールを使えば、そのような時間軸の輪を作り出すことができる。

さらにワームホールとは別の考えで、タイムマシンが作れないか、真剣に考えている物理学者もいる。コネチカット大学教授のロナルド・マレットという人だ。

彼は、相対性理論を研究するまっとうな研究者だが、10歳のときに心臓発作で亡くした父親を過去に戻って助けたいという動機から研究者になったという。そして、4つの強いレーザー光を組み合わせることで時間軸を輪っか状にできる方程式を見つけた。これを応用すればタイムマシンを作れるかもしれないと考え、実際に実験装置を組み立てて実験を重ねている。
時空をぐるりと曲げるほどのエネルギーだから、テーブルの上で作ったレーザー光ではとてもエネルギーが足りない。少なくとも、よほど大出力のレーザー光がなければ実現できない。しかし、「本当の過去に戻れるタイムマシンが存在してはいけない」と証明されているわけではない。

まとめ

◉相対性理論に基づけば、ワープもタイムマシンも理論上は可能
◉実験室でタイムマシンの試作をしている研究者もいる

7章

意識が現実を変える？

——量子論の世界——

40 光をたくさん浴びても日焼けしないのに、紫外線で日焼けするのはなぜ？

光（可視光線）も紫外線も、本質的には同じで、電磁波の仲間だ。しかし、明るい照明のもとで長時間過ごしていても日焼けすることはないが、紫外線にさらされれば、短い時間でも日焼けする。これはどういうことなのだろうか。

可視光線と紫外線の違いは、4章で書いたとおり、電磁波の波長の長さだ。太陽の光には赤、橙、黄、緑、青、藍、紫というさまざまな色の光が含まれていて、赤から紫へいくに従い、波長が短くなる。その紫の光よりも波長が短いのが「紫外線（紫の外の光）」だ。ちなみに、可視光線のなかで最も波長が長い赤い光よりも波長が長いのが「赤外線（赤の外の光）」であり、赤外線ヒーターなどの暖房器具でいくら赤外線を浴びても日焼けすることはない。

光のエネルギー

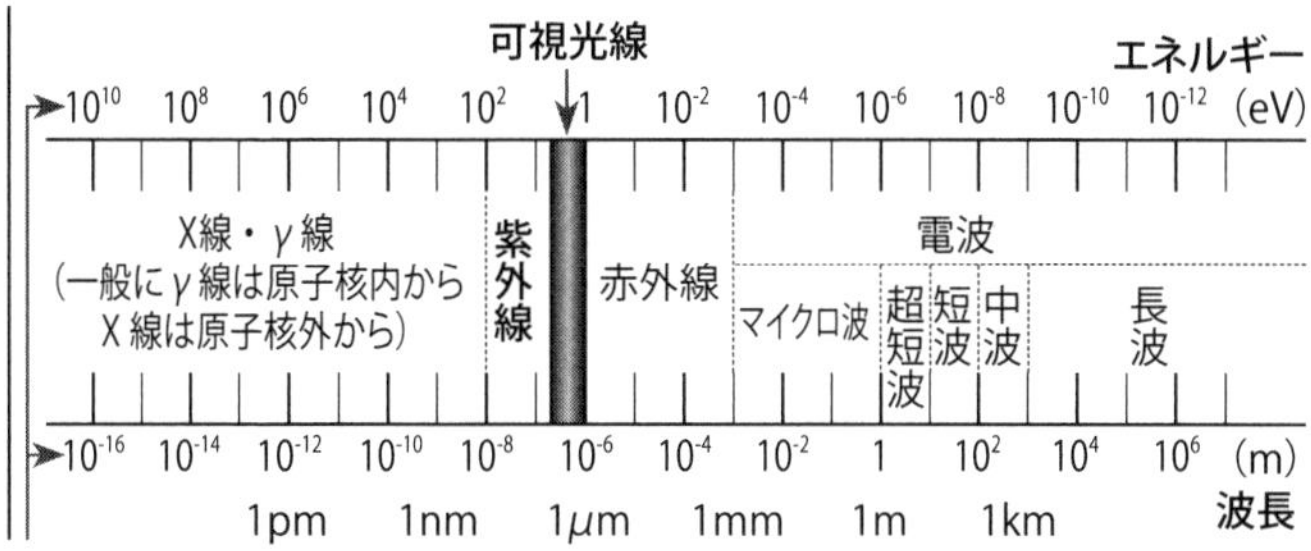

つまり、比較的波長の短い電磁波である紫外線は、日焼けのもととなる一方で、比較的波長の長い可視光線や赤外線を浴びても日焼けすることはない。それは、波長が短ければ短いほど、エネルギーが高いからだ。

ここで、不思議に思うかもしれない。エネルギーが低い可視光線や赤外線でも長時間浴びれば、エネルギーの総量は大きくなるのだから、紫外線と同じように日焼けをするのではないか、と。

なぜ、そうならないのかと言うと、紫外線も可視光線も赤外線も、ふだんは波として伝わってくるものの、物にぶつかると粒子のようにふるまい始めるからだ。このことを「光の量子性」という（波であり粒であるというのは奇妙に思うかもしれないが、この章で少しずつ説明していく）。そして、粒ひとつあたりのエネルギーが高いと、浴びたときに体にガツンとぶつかり、突き抜けて入ってきてしまうため、体内に影響を及ぼす。

レントゲン検査やCT検査などに使われている「エックス（X）線」、がんの放射線治療などに使われる「ガンマ（γ）線」の被ばく量が問題になるのも、紫外線よりもっと波長が短い電磁波であり、粒ひとつあたりのエネルギーが高いからだ（だからこそ体の奥にまで浸透して、治療の道具として使われている）。

逆に、赤外線は粒ひとつあたりのエネルギーが低いため、体の表面で止まる。そして、そのエネルギーを受け取るため、体の表面が温まる。一方で電波は、もっと粒ひとつあたりのエネルギーは小さく、波長ももっと長いため、回り込んで体を通り越していく。

つまり、日焼けが起こるかどうかは、浴びたエネルギーの総量ではなく、粒ひとつあたりのエネルギーがカギを握っている、というわけだ。

まとめ

◉光は、波と粒の両方の性質をもっている（＝量子性）

◉波長の短い光ほど、粒ひとつあたりのエネルギーが大きい

41 「量子論」って何？

2章で、物理学とは世の中の仕組みを説明し、次に起こることを予言できるようになることだ、と書いた。私たちの身の回りで起こっていることは、ニュートン力学で説明がつく。しかし、光の速さに近いような超高速で動いている物や、大きな重力が働いている場所では、ニュートン力学では無視できないズレが生じてくる。そうしたマクロの世界の仕組みを説明し、予言するのが、アインシュタインの相対性理論だ。それこそ、宇宙全体のふるまいは、一般相対性理論によって説明できる。

では、量子論は、どんな世界を説明し、予言するのか──。それは、分子や原子、素粒子といったミクロな世界の仕組みだ。私たちの目には見えないミクロな世界では、私たちの経験や常識では理解できない、奇妙なふるまいが行われている。それを、解き明かすのが量子力学であり、量子力学をベースとした研究全般を量子論と呼ぶ。

そもそも「量子」という言葉自体、聞き慣れないかもしれない。量子とは、エネルギーの最小単位のことだ。これ以上分割できない最も小さな単位のことである。

こう書くと、「それは素粒子では?」と思うかもしれない。たしかに素粒子も、これ以上分割できない最小単位なのだが、素粒子の場合、最小の〝粒〟というイメージだ。かたや量子は、粒としての性質も波としての性質ももつ「小さな塊・単位」のことであり、すべての素粒子は実は量子である。粒のようなイメージのある電子にも波としての性質があり、波のようなイメージのある光にも粒としての性質がある。

量子とは、「波と粒子の性質をあわせもった小さな塊、エネルギーの最小単位」のことだ。

そして、そのふるまいを解き明かすのが、量子論である。

まとめ

◉量子論とは、素粒子や原子、分子といった目に見えないミクロな世界を説明する理論

◉量子とは、波と粒の両方の性質をもった最小単位

42 「波でもあり粒でもある」量子の奇妙なふるまいは、どうやってわかった？

量子が、波であり粒であるという、わけのわからないふるまいをすることがわかったのは、1900年頃だ。きっかけは、相対性理論と同じで、光だった。

「光は波か、粒か」という問題は、17世紀頃からずっと続いていた。光はまっすぐに進むので粒のようにも思えるが、2つの光が交錯しても、ぶつかって反発するのではなく、するりと通り抜けていくことを考えると波のようにも思える。ちなみにニュートンは、光は粒だと考えていた。長らく答えの出なかった「光は波か、粒か」問題に、一旦、答えが出たように見えたのが19世紀初めの頃である。

トーマス・ヤングという物理学者が、光が「干渉」を起こすことを実験で証明した。

光の干渉縞

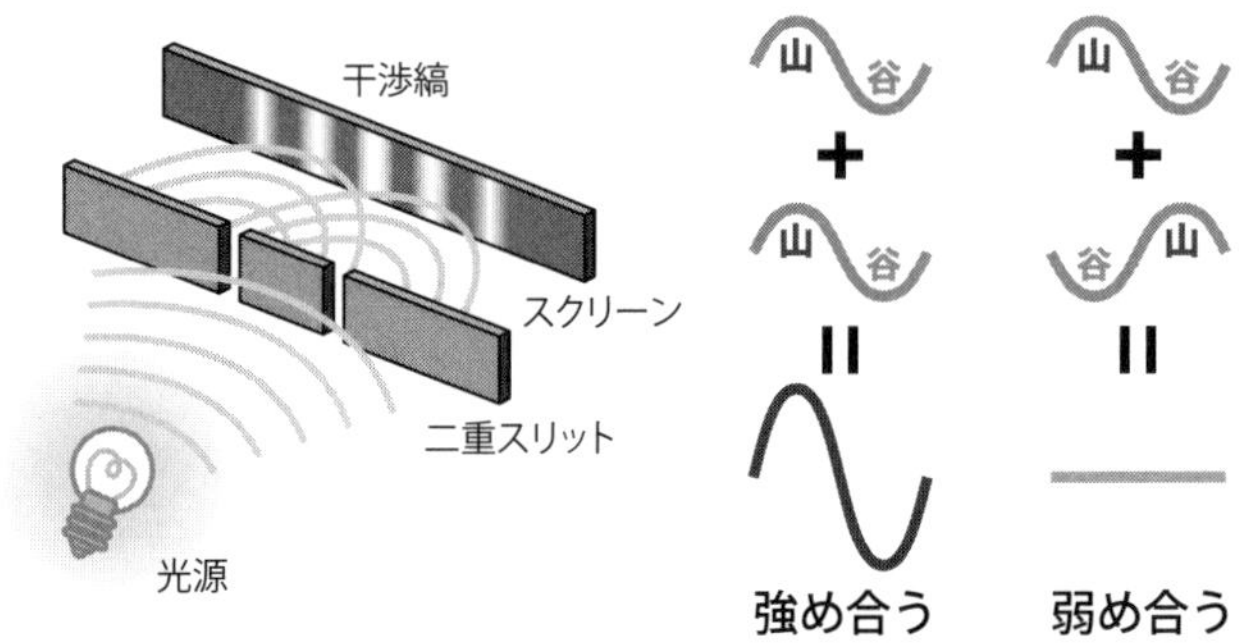

2つのスリットに光を通すと、その先にあるスクリーン上にはどのような光の模様が現れるか、という実験だ。もしも光が粒ならば、2つのスリットを通った光の粒の集まりは、スリットの延長線上のスクリーンに2つの細いラインを描くはずである。

ところが結果は、図のような縞模様になる。これは、「干渉縞」と呼ばれる。2つのスリットから出た光が波のように進むため、波の山と山、谷と谷が重なるところは光の強さが増し、山と谷が重なるところでは波が打ち消し合い、明るいところと暗いところが交互になった縞模様が描かれるのだ。

このことから、「光は波だろう」と考えられるようになった。

一旦はそう定着したものの、1900年に、マックス・プランクという物理学者が「光のエネルギーは、とびとびになっている」ことを発見した。それまでは、エネルギーは連続的なものだと思われていた。つまり、1つ、2つ……と数えられるものではなく、1・1もあれば、1・2、1・3……もある、連続的なものだと思われていた。

ところが、プランクは、エネルギーには最小単位があり、その整数倍の値しかとらないことを発見したのだ。彼はそのことを黒体放射（あらゆる波長の光を吸収する物〈黒体〉が放出する熱放射のこと）について研究するなかで気づいたのだが、ここでは、その詳細は省こう。

プランクは、光のエネルギーに最小単位、つまりは「量子」があると考えると、黒体放射で観測される結果をうまく説明できることを発見したものの、「なぜ、エネルギーに最小単位があるのか」「それはどういう意味なのか」はわかっていなかった。

そこに、さらなる解釈を加えたのが、アインシュタインだ。

プランクは、正確に言えば、物質中の粒子が振動するときに放出できるエネルギーに最小値があると仮定したのだが、アインシュタインはそうではなく、光そのもののエネルギーに最小値があると考えた。そして、その最小単位のことを「光量子」と呼んだ（現在は「光子」と呼ばれている）。

アインシュタインは、この光量子という仮説をもとに、あるひとつの現象を見事に説明して見せた。それは、19世紀の終わり頃に見つかった「光電効果」という現象だ。

これは、ある種の金属に光を当てると、光のエネルギーをもらった電子が飛び出してくるというもの。このとき、波長の短い光を当てれば、電子は勢いよく飛び出し、光を弱めても電子が飛び出るのに対し、波長の長い光ではどんなに強く当てても電子は飛び出してこない。

もし光が波であるなら、この現象は説明しがたい。そもそも波はエネルギーを分散するため、電子を飛び出させるほどのエネルギーをもっているとは考えにくい。さらに、波長の長い光でも強く（明るく）すればエネルギーが大きくなって、光電効果が起こってもいいはずだ。

アインシュタインは、光が光量子という粒の集まりであるなら、粒はエネルギーが集中しているので、ポンとぶつかって電子を飛び出させることができる、と考えた。また、波

光電効果

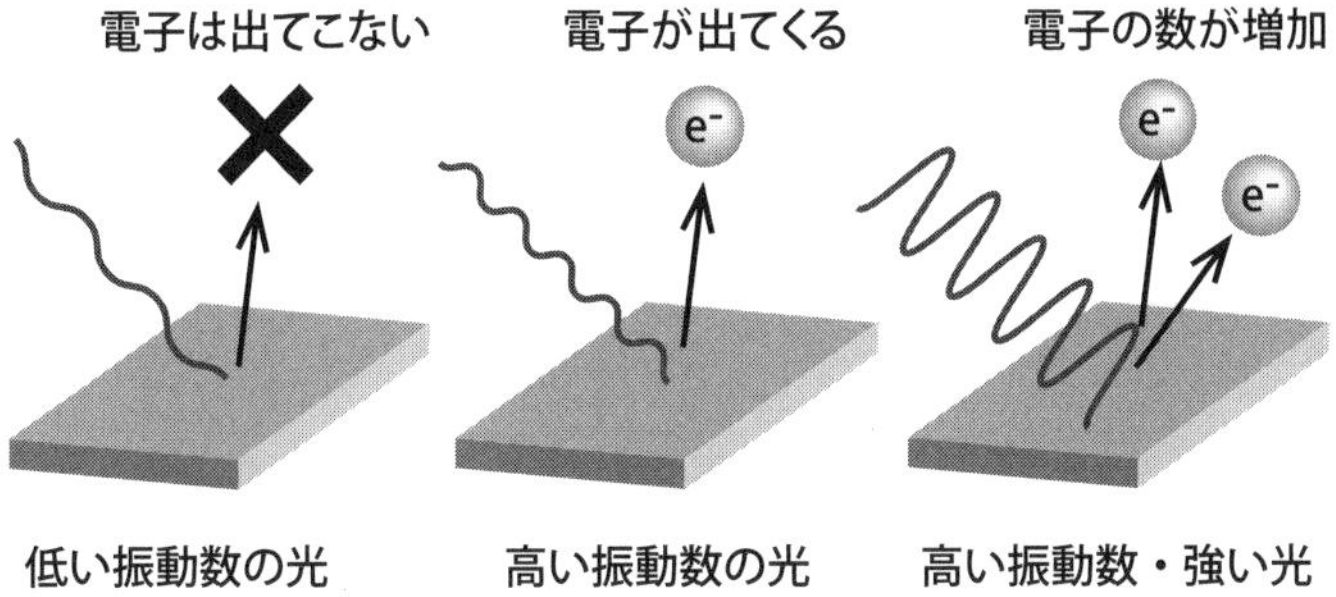

長の短い光は振動数が多く、光の粒（光量子）のもつエネルギーが大きいため、電子を勢いよく飛び出させるのに対し、波長の長い光は振動数が少なく、光量子のエネルギーが小さいため、原子核と電子の結合を断ち切ることができず、電子は飛び出してこないのだ、と説明した。

波長の長い光をいくら強く当てても電子が飛び出してこないのは、光量子ひとつ分のエネルギーが電子を飛び出させるほど大きくないからだ。逆に、波長の短い光は、光量子ひとつがもつエネルギーが大きいため、光を弱めても、飛び出てくる電子の数は少なくなっても、電子が飛び出てくることは変わらない。

こうしたことから、アインシュタインは、「光は波だけれども粒だ」と、一見矛盾した考えを打ち出した。この考えが正しいことは、この章の冒頭、紫外線と可視光線の話のところで書いたとおりである。

ちなみにアインシュタインが、この光量子という考えをもとに光電効果の仕組みを説明する論文を発表したのが、１９０５年のこと。特殊相対性理論を発表した3カ月前のことだ。アインシュタインと言えば相対性理論が有名だが、彼が１９２１年にノーベル物理学賞を受賞した理由は、この光電効果の研究のほうだ。

まとめ

◉光は干渉を起こす。ということは、光は波だ！
◉光が放つエネルギーには最小単位（光子）がある
◉金属に光を当てると電子が飛び出してくるのは、光の波が粒だから
◉つまりは、光は波だけれど粒である

43 太陽光発電は、どうやって太陽の光を電気に変えるのか

光を当てれば電子が飛び出てくる——。不思議な現象のように思うかもしれないが、この光電効果は、実は私たちの身の回りで応用されている。

たとえば、太陽光発電がまさにそうだ。太陽の光のエネルギーを、太陽電池（ソーラーパネル）を使って電気エネルギーに変換するのが、太陽光発電だ。

太陽電池は、2種類の半導体が重ね合わさって構成されている。太陽電池に太陽の光が当たると、光電効果で、一方の半導体（p型半導体）からもう一方の半導体（n型半導体）へ、たくさんの電子が飛び出してくる。電子はマイナスの電荷をもっているので、電子が飛び出したほうの半導体はプラスの電荷を帯び、電子を引き寄せたほうの半導体はマイナスになり、電位差が生じて、プラスからマイナスへ電気が流れる。

太陽光発電の仕組み

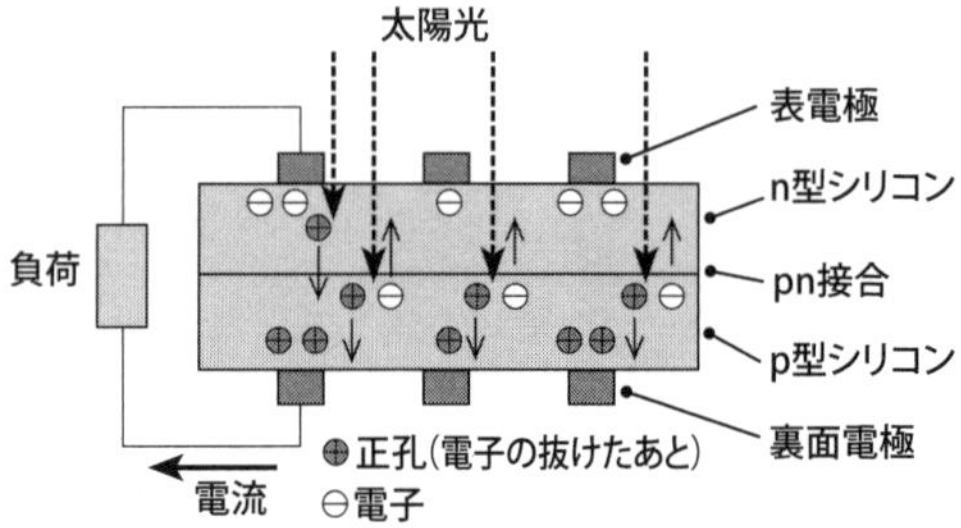

出典：太陽光発電協会

太陽光発電では、そうやって電気を取り出している。

太陽の光が当たっているかぎり、エネルギーを得た電子が動き、電気が発生する。なおかつ、先ほど「プラスからマイナスへ電気が流れる」と書いたが、その正体は「マイナスの電荷をもった電子がマイナスからプラスへ移動していく現象」なので、電子は自然に元に戻っていき、ぐるぐる回り続けるというわけだ。

このように、太陽光発電で電気を得られるのは、光が単なる波ではなく粒の性質ももっている量子であり、電子を飛び出させることができるからだ。

まとめ

◉太陽光発電は、「光電効果」の応用

◉光子がぶつかって電子を飛び出させ、電気を流している

44 「原子核のまわりを電子が回っている」は間違い？

　ここまでは、光には波と粒の両方の性質があるということから「量子」という概念が生まれたという話だった。そうすると次に出てきたのが、電子など、単なる粒だと思われていた素粒子も実は波の性質も兼ね備えた量子ではないか、という考えだ。そして、紆余曲折を経て、電子などの素粒子も波として振る舞うことが判明した。

　ここでは紆余曲折部分は省略するが、最初に「電子も波である」と主張したのが、物理学者のルイ・ド・ブロイで、1924年のことだ。彼は、「電子は波で、こういう波長の波をもっているはずだ」と計算式を示した。この粒子がもつ波の性質は「ド・ブロイ波」と呼ばれ、その後、実験でも証明されている。

　ここで、「電子も波である」と聞くと、電子が波打ちながら進むことをイメージするかもしれない。しかし、そうではない。ひとつの電子が波の性質ももつ、という意味だ。不思議に感じるかもしれないが、それが量子の世界なのだ。

では、原子のなかで電子はどのように存在しているのだろうか。

原子核のまわりをいくつかの電子が回っている、というイメージが一般的だろう。中学や高校の化学ではそう習ったはずだ。

しかし、これは、量子論以前の原子像である。よくよく考えると、原子核のまわりを電子が回っているということは、おかしい。

電子を揺らすと光が出るため、もしも電子が原子核の回りをまわっていれば、光を出し続けることになる。そうすると、すぐに運動エネルギーを失って、プラスの電荷をもつ陽子に引き寄せられ、原子核と一緒になってしまうはずだ。そもそもプラスの原子核とマイナスの電子が分かれて存在していること自体、不思議である。電荷が中性のひとつの粒になってもおかしくないはずなのに、なぜか電子は原子核にくっつくことなく、まわりに存在している。

それを可能にしているのは、電子が量子であり、これ以上は小さくならないという最小のエネルギーをもち、波の性質も兼ね備えるからだ。順番に説明しよう。

電子の波としての性質

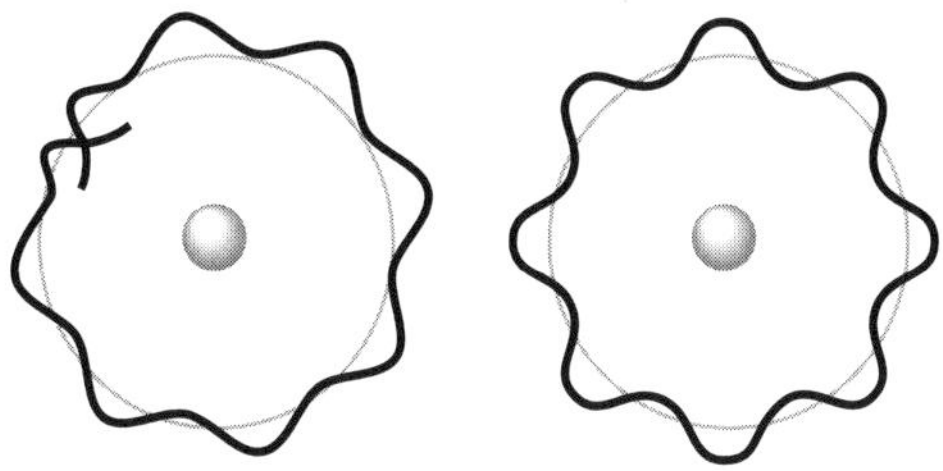

ある物の回りを別の物がまわるとき、大きく回るにはたくさんのエネルギーが必要だ。逆にエネルギーを小さくすると、その分、小さく回るようになる。エネルギーを抜いていってゼロになると、まわりを運動できなくなってしまうが、「これ以上はエネルギーが小さくならない」という最小単位があれば、それ以上つぶれることはない。だから、電子の持ち得るエネルギーに最小単位（量子）があるなら、電子と原子核が合体することはなく、原子が安定して存在することができる。

また、電子が原子核のまわりを周回するときに、電子が波の性質をもっていて、波が打ち消し合わないように一周すれば（一周の長さが波長の整数倍になるとき）、安定し

真の原子の姿

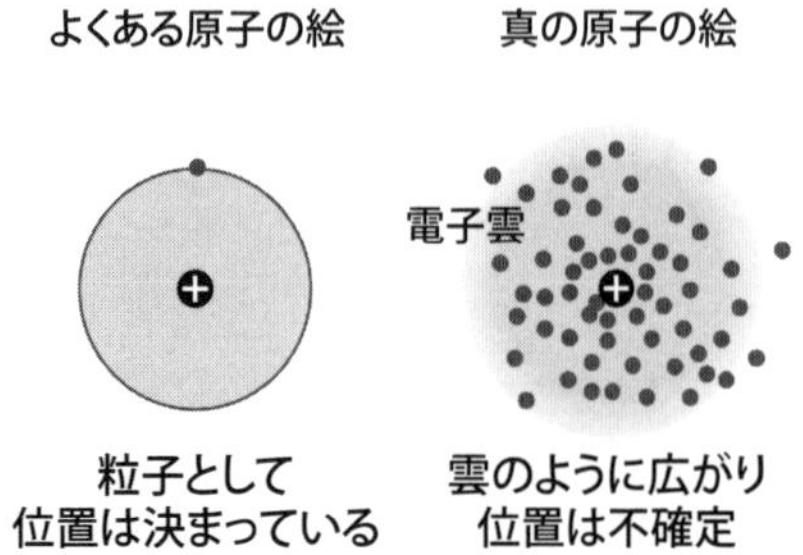

て存在できると考えられる。

こうしたことから、電子は粒だと思われていたが、粒と波の両方の性質をあわせもち、エネルギーの最小単位がある「量子」であれば、原子が安定して存在できることがわかってきた。

そして原子は、原子核のまわりをぼやーっと雲のように広がる電子（「電子雲」と呼ばれる）が取り囲んでいるものとイメージされるようになった。この原子核と電子雲のイメージが、現在でも正しいとされている原子像だ。

まとめ

◉「原子核のまわりを電子が回っている」のは、量子論以前の原子像

◉正しくは、原子核のまわりにぼやーっと電子雲が広がっている

45 「量子の波」とは何なのか

電子の二重スリット実験

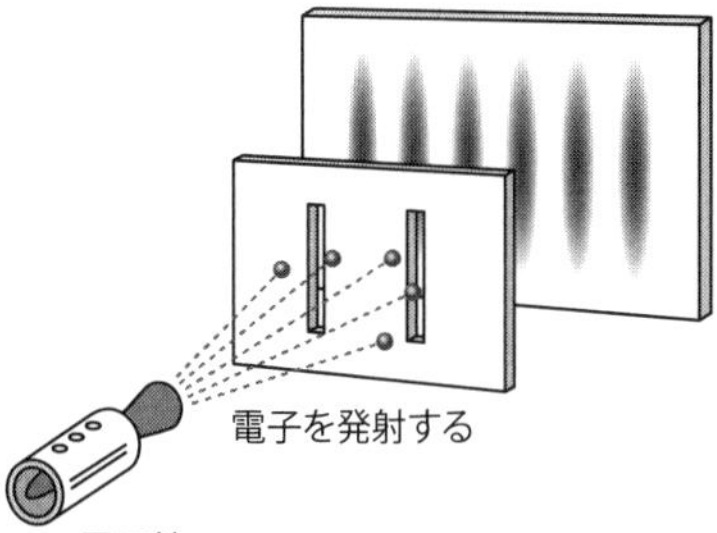

電子も粒であり波である、しかも電子一つひとつが波の性質をもち、原子のなかでは雲のように広がっている――。

これは、どういうことなのだろうか。そのヒントとなる有名な実験がある。「二重スリット実験」といい、光は干渉を起こすから波であるという結論を導き出した、165ページの実験を電子で行ったものだ。

電子を飛ばして、2つのスリットに通し、その先に置いたスクリーンにぶつける。電子が私たちのイメージどおりの粒ならば、スリットの延長線上に2本の帯のように電子がぶつかった跡が記録されるはずだ。ところが、実は電子で行っても、光の実験と同じようにスクリーン上には干渉縞が現れる。

しかも、電子をひとつずつ飛ばすと、スクリーン上にはポツ、ポツと点状に跡が残る。最初のうちは、あっちへ出たりこっちへ出たり、予測は不可能だが、点状に跡を残す。だが、何度も繰り返し電子を飛ばしているうちに、ぶつかりやすい場所、ぶつかりにくい場所、絶対にぶつからない場所が出てきて、最終的には縞模様が現れるのだ。

電子をひとつ飛ばすと、スクリーン上にポツッと点状に跡が残るという点では、電子は粒のようにふるまっている。電子はどこに飛んだのか、私たちが観測をすると、必ず電子は粒として見つかる。

ところが、実験を繰り返すうちに干渉縞が現れるということは、打ち消し合ったり強め合ったりという波の性質をもちながら動いているということだ。電子が粒であり、どちらか一方のスリットを通ったならば、干渉という現象は決して起こらない。

干渉が起こるということは、一つひとつの電子が右のスリットと左のスリットの両方を同時に通ったと考えなければ成り立たないのだ。言い換えるなら、右を通った状態と左を通った状態が同時に起こっているということだ。

では、電子はスリットの手前で2つに分かれたのだろうか。それも違う。スクリーンにはポツッとひとつの点として観測されるのだから、分裂したとは考えられない。

さらに不思議なのは、この二重スリット実験で、左右のどちらのスリットを通ったのかを確かめるためにスリットを出た部分に観測装置をセットし、電子の通り道を確認すると、スクリーン上に干渉縞は現れなくなる。通り道を見ようとすると、波としてふるまわなくなるのだ。

なんとも不思議な話である。見ていないときには波のようにふるまいながら飛んでいるのに、観測すると粒々に見える、見ていないときには右を通っている状態と左を通っている状態が同時に起こっているのに、観測するとひとつに場所がビシッと決まる——。

私たちの知っている世界ではどうにも理解できない現象だ。これには世界中の物理学者が頭を悩ませたが、ひとつの有益な見解を示したのがマックス・ボルンという人だ。

ボルンは量子の波を、実存する波ではなく、「確率の波」だと考えた。波の振れ幅が大きい場所ほど、そこに粒子が見つかる可能性が高くなる。そういう確率の波であって、波と言っても水面を伝う波のように目に見える波を思い浮かべてはいけないのだと言った。

二重スリット実験で説明すれば、確率だから、次に電子を飛ばしたときにどこにぶつかるかは言えない。最初の時点での物理的な状況を完全に知っていたとしても、予言できるのは、「確率の範囲内でどういう結果になりやすいか」ということだけだ。われわれが知らないのではなく、それが自然界の本質であって、「必ずこうなる」とは原理的に言えないのだ、とボルンは説明した。これを「確率解釈」という。

173ページの原子像で言えば、電子雲は、決して電子の粒がぼやーっと雲のように薄く広がっているわけではなく、電子が存在している確率を表している。雲の濃い部分は電子が存在する確率が高く、薄い部分は低い。そして、観測すると、その瞬間に、それまで確率だったものが一気に現実になり、粒として姿を現す。

まとめ

◉量子は、見ていないときには起こり得る可能性が同時進行している（重ね合わせ）

◉見ていないときには「確率の波」としてふるまう

46 アインシュタインもシュレーディンガーも量子論を受け入れられなかった

電子に限らず、量子の世界では、見ていないときには波のようにふるまい、観測した瞬間に粒として見つかる。しかも、その波というのは確率の波である――。

果たして理解できただろうか。どうもついていけないという人は少なくないだろうが、安心してほしい。ボルンが量子力学の確率解釈を発表した当時、最先端の研究を行っていた物理学者たちでさえ、「確率の波」という考えを理解できなかった。

その筆頭が、「シュレーディンガーの猫」で有名なエルヴィン・シュレーディンガーだ。彼は、ド・ブロイが発見した「電子も波としての性質をもっていて、こういうスピードで動いている電子はこういう波長の波をもっている」という計算式を一歩も二歩も発展させ、「その波がどういう方程式に従って進むのか」を明らかにした。

何もない空間では電子は普通の波として進むが、原子の中には原子核があり、引っ張られる力を受けるので、電子は〝伝わる波〟ではなく、同じところに留まり振動するような波——ギターの弦をはじいたときに、びよーんと振動するようなもの——になる。そのときに電子がどういう力を受けていると、どういう方程式に従うかを導き出したのだ。

これは「シュレーディンガー方程式」と呼ばれ、現在でも、量子がどうふるまうのかを表す量子力学の方程式として使われている。ところが、今でも使われる正しい方程式を導き出したシュレーディンガーでさえ、「その波は確率の波だ」という考えは受け入れられず、実際に存在する波であると思い込んでいた。

そして、確率解釈に反論するために考えたのが、あの「シュレーディンガーの猫」という思考実験（頭の中での実験）だ。

ウランなどの放射線元素は、放っておくと原子核がバーンと分裂し、別の原子になる。それは量子力学に支配されているため、いつ分裂するかは確率的にしかわからない。そこで、1時間後に原子核が分裂する確率を2分の1とし、分裂したら毒薬を入れた瓶が割れる仕掛けをほどこした装置を作り、外からは中の様子がうかがえない箱の中に猫と一緒に入れておいたらどうなるか——というのが、シュレーディンガーが考えた思考実験だ。

原子核が分裂して瓶が割れ、毒薬が流れれば猫は死んでいるし、分裂していなかったら猫は生きている。量子力学の確率解釈を素直に受け取るなら、原子核が分裂している状態と分裂していない状態が2分の1ずつの確率で重ね合わさっていることになるので、猫が死んでいる状態と生きている状態が2分の1ずつの確率で重ね合わさっていることになる。それが、箱の中を見た瞬間にどちらかに決まるのだ。

猫が死んでいる状態と生きている状態が重なり合っているなんておかしいじゃないか、だから量子力学は間違っている。シュレーディンガーはそう主張し、量子力学の正しい方程式を導いたシュレーディンガー自身が、最終的には量子力学を否定する立場をとった。

また、相対性理論という常識を覆す理論を発見したアインシュタインでさえ、こうした量子力学の考え方は受け入れられなかったという。なにより物理の法則に確率が入ることが、彼の美学に反していたのだ。

量子論以前の物理学では、十分な情報さえあれば、結果を完全に予言することができた。起こり得る未来は1通りしかなかった。ところが、量子の世界では、未来は確率的にしか予測できず、観測した瞬間に、複数あった可能性がひとつの結果に決まる。しかも、その結果になって他の結果にならない理由は見つからない。

アインシュタインは、「神はサイコロを振らない」と言って、量子力学を認めなかったという。確率が出てくるのは量子力学が不完全だからにすぎず、私たちがまだ知らない何かがあり、本当はあいまいさなしに未来が決まる理論があるはずだと言い続け、その新たな理論を探し続けたが、結局最後まで見つけることはできなかった。

アインシュタインの死後、「もし確率ではないものがこの世界を支配しているならこういう実験結果になるべきだ」という理論を否定する実験結果が出て、「確率によって支配されている」ことが肯定され、この世の中には確率というあいまいさが介在していることが証明された。

まとめ

◉量子の世界は、天才的な物理学者が理解できないほど、常識が通用しない世界

47 ボールも壁をすり抜ける？

粒の性質と波の性質をあわせもつこと、右を通っている状態と左を通っている状態が共存しているという「重ね合わせ」、どんなに情報があっても未来は確率的にしか予言できないことといった量子の世界の不思議なふるまいは、ミクロのもの、軽いものほど強く現れ、私たちの目に見えるような大きなもの、重いものにはほとんど現れない。

たとえば、2つのボールを箱の中に入れておくとしよう。私たちが箱の中を確認しなくても、ボールが箱の中のどこにあるのかは決まっていて、かつ、ボールが勝手に箱の外に出てくることはない。それは、ボールのように十分に大きな物の場合、量子論の効果は薄く、波としてのふるまいは非常に小さいからだ。

波はぼんやりと広がるので、波としてふるまうと、箱の中に閉じ込めたはずの粒子が自然に外に飛び出してしまうことがある。これを「トンネル効果」という。素粒子のようなミクロなものであれば、目を離しているすきにひょっこり箱の外に飛び出ているなんてことが、実はかなりの確率で起こっている。

原理的に言えば、ボールの場合もゼロではない。どんなものも原子、素粒子の集まりなので、多少は波としてのふるまいもある。ただ、その波としてのふるまいはあまりにも小さいため、壁を通り抜けて箱から出てくるという確率は限りなくゼロに近いということだ。それこそ、宇宙が始まってから今に至るまでずっと待っていても起こらないくらい、飛び出す確率は低いので、完全にゼロではないが、「まず起こらない」と考えて支障はない。

まとめ

◉小さくて軽いものほど量子論の効果が表れ、大きくて重いものほど量子論の効果は薄まる

◉身の回りの物も、波としてのふるまいはゼロではないが、ゼロに等しい

48
量子コンピューターが登場すれば、仮想通貨は使えなくなる？

小さくて軽いものほど量子論の効果が大きくなり、大きくて重いものほど量子論の効果は薄まるため、私たちの身の回りでは量子論の効果はほとんど表れない。では、量子の不思議なふるまいは私たちの生活に影響を与えないのかと言うと、決してそうではない。量子論を応用した技術は、すでに実用化され、私たちの生活を変えようとしている。

たとえば、量子コンピューターもそのひとつ。従来のコンピューターはすべての情報を「0」と「1」という2つの数字に置き換えている。この0か1というデータの基本単位を「ビット」という。一方、量子コンピューターはと言うと、「0」と「1」のほか、「0でもあり、1でもある」という状態も表すことのできる「量子ビット」を使って計算処理を行っていく。

ここに使われているのは、量子の不思議なふるまいのひとつ「重ね合わせ」だ。観測していないときには右を通っている状態と左を通っている状態が共存していて、観測をした瞬間にピタッと場所が決まるというアレだ。量子ビットも、処理の途中では「0」でもあり「1」でもある状態にあり、観測を行うと「0」か「1」にピタッと決まる。そのため、量子コンピューターは、従来のコンピューターに比べて、複数のタスクを並行して計算することに長けている。

その顕著な例としてよく挙げられるのが素因数分解だ。素因数分解とは、12という数字を「2×2×3」に分解するなど、自然数を素数の掛け算の形に直すこと。12のように小さな数なら簡単だが、大きな数を素因数分解しようとすると、途端に難しくなる。

いろいろな数で順に割って、割り切れるかどうかを確かめる必要があるが、1万桁もの数を素因数分解するにはスーパーコンピューターでさえ1000億年以上かかるといわれているので、現実的には不可能だ。ところが、並列処理が得意な量子コンピューターであれば、数時間程度で計算できてしまうといわれる。

そうすると、困ることのひとつが暗号化技術だ。データを第三者に見られたくないときに暗号化を行い、内容を変換するわけだが、この暗号化によく使われているのが素因数分解だ。大きな桁の素因数分解は実質的に不可能ということがベースになっているので、素因数分解を得意とする量子コンピューターが登場すると暗号が破られてしまう。

たとえば、高度な暗号化技術によって支えられている仮想通貨も、量子コンピューターの登場によって成り立たなくなるのではないかとの説もある。そのため、仮想通貨の将来性は、量子コンピューターの発展に左右されるといわれている。

ただし、その一方で、「量子暗号」という研究分野があり、量子コンピューターでも破られない暗号化技術の研究も進んでいる。量子の世界では、観測すると必ず影響を与える。このことを応用しているのが量子暗号で、もしも情報を傍受しているものがいれば、「観測した」という痕跡が必ず残る。もしも暗号を破られたらわかるため、暗号を破られたものは破棄して新たな暗号をかけ、破られていないと保証された暗号のみ信用して使うというふうにすれば、格段にセキュリティーが向上するわけだ。

さて、量子コンピューターの実用化についてだが、量子コンピューターには主に2種類あり、暗号化技術の脅威になる、量子の重ね合わせという特徴を使って素因数分解を得意とするのは、「量子ゲート型」といわれるタイプだ。このタイプの量子コンピューターの研究は以前から進められていたのだが、量子的な重ね合わせの状態を保ち続ける技術が極めて難しく、まだ実現はしていない。

すでに実現し、世の中に出ているのは、「量子アニーリング型」と呼ばれるものだ。これは量子ゲート型とはまったく異なる原理に基づいていて、量子のトンネル効果などが応用されている。得意とするものも異なり、量子アニーリング型が得意とするのは、たくさんある組み合わせのなかから条件に合った最善な組み合わせを探し出すことだ。たとえば、「予算や人員に限りがあるなかで最もパフォーマンスを上げるには」とか、「どの道を通れば目的地に最短でたどり着くか」とか、身近にある問題をすばやく解決してくれる。

まとめ

◉量子コンピューターには「重ね合わせ」や「トンネル効果」が使われている

◉仮想通貨を守っている素因数分解が得意なタイプの量子コンピューターはまだ実現していない、量子暗号の研究も進んでいる

49 量子のふるまいには3つの解釈がある

量子論そのものの話に戻ろう。量子がどのようにふるまうのかを表す量子力学は、量子ひとつを波ととらえて、その波の動きを示した「シュレーディンガー方程式」で計算される、と書いた。たしかにこの方程式を使うと、どういう実験を行えばどういう結果が得られるのかを正しく教えてくれる。だからこそ、今でも正しい方程式として使われているのだが、実は、量子のふるまいを正しく教えてくれる方程式はこれだけではない。

シュレーディンガー方程式が発表されたのが1926年で、その1年前に、ヴェルナー・ハイゼンベルクという物理学者が、最初に量子力学の方程式を作っている。これは波とはまったく関係のない考え方だった。

観測できないもののことを考えても仕方がない、観測して確かめることができるものだけを取り扱い、観測可能な量がどのような値になるのかを考えましょう、という、なんとも抽象的な考え方で実際に方程式を作り上げた。

たとえば、原子の中に電子が存在しているといっても、その軌道を観測して確かめることはできない。だから「電子は今どこにあるのですか?」という質問はまったく意味がなく、してはいけない。一方で、原子に光をぶつけたら電子が飛び出してきたりするが、そのときに「どういう光を当てるとどういう電子がどういうエネルギーで出てくるか」ということは観測できるので質問してもいい——。そうした考えに基づいて作られたのが、ハイゼンベルクの方程式だ。

シュレーディンガー方程式が使われるようになったということは、ハイゼンベルクの方程式は正しくなかったのかと思われるかもしれないが、そうではない。どちらの方程式で計算しても、最終的には同じ答えが出る。ただ、ハイゼンベルクのほうはあまりにも抽象的で計算方法が異様に難しかったため、計算の仕方がより楽なシュレーディンガー方程式のほうが主流になっていった。

さらに、シュレーディンガー方程式が発表されたおよそ20年後、「第三の理解の仕方もある」と新たな方程式を導き出したのが、リチャード・ファインマンという物理学者だ。彼は、右を通った粒子と左を通った粒子の両方の経路を数学的に足し合わせるという方法（「経路積分」という）で方程式を導き出した。これも、シュレーディンガー方程式やハイゼンベルグの方程式と数学的には必ず同じ結果を出すことが証明されている。

このファインマンの計算方法が意味することを素直に受け取ると、右を通った世界と左を通った世界に一度分かれて、また一緒になって干渉するということになる。世界が分かれながら同時進行しているようなイメージだ。

このように量子力学には、少なくとも３つの計算の仕方がある。

ある人は観測していないときに何が起きているのかは考えてはいけない、観測できる結果だけに注目しようと言って方程式を作り、ある人は波だと考えて方程式を作り、ある人は、世界が分裂しながら干渉していくと考えて方程式を作った。考え方も計算の仕方も三者三様であるものの、不思議なことに、予言する結果はどれもまったく同じものが出てくる。

一体どれが正しいのかと聞きたくなるが、どれも正しく、どれも正しくないのだろう。つまり、数学的にはどれも合っているのだろうが、量子の世界では私たち人間には経験できないことが執り行われているため、それを言葉で表現しようとすると、まったく違う表現が出てきてしまうということなのだと思う。

ファインマンは、「量子論が本当にわかっている人は誰もいない。もし量子論がわかっていると思っている人がいたら、量子論をわかっていない証拠だ」と言ったという。

自然界は、私たちには経験できないような人智を超えたものに支配されているとしか言いようがない。そう気づかせてくれるところも、量子論の奥深さだ。

まとめ

◉量子のふるまいを表す方程式には、「観測できないことは考えてはいけない」というハイゼンベルクの方程式、波として計算するシュレーディンガーの方程式、世界が分裂しながら同時進行すると考えるファインマンの方程式の3つがある。

◉考え方も計算方法も違うが、どの方程式も必ず同じ結果を導き出す

50 無数のパラレルワールドが存在する⁉

ファインマンの、世界が分裂しては一緒になって干渉し合うという考えをさらに発展させ、観測するたびに次々と世界ができているという考え方もある。これを「多世界解釈」という。その大本になったのは、当時プリンストン大学の大学院生だったヒュー・エヴェレット3世が考え出した量子力学の解釈だ。

量子の世界では、観測をした瞬間に、それまで波のようにふるまっていたものが粒として見つかる。あるいは、それまで確率だったものが、確定したひとつの現実になる。私たちが「見る」ということが、ある意味、決定的にこの世界の姿を変えてしまうわけだ。しかし、「なぜ、そうしたことが起こるのか」は明らかになっていない。

そこでエヴェレットは、突如変化が起きたように見えるのは、人間側に原因があるのではないかと考えた。どういうことかと言うと、観測を行った瞬間に粒子の場所がひとつに決まるのは、その場所に決まった世界しか人間が認識できなくなるのではないかと考えたのだ。

ということは、別の場所に決まった世界もあり、その世界は別の人間が認識していることになる。つまり、あり得る観測結果の数だけ、別々の結果を見ている別世界の観測者がいることになり、ひいては、人間が観測するたびに世界が分裂するとも解釈することができる。そのため、「多世界解釈」と呼ばれるようになった。

突拍子もない考えのように感じるかもしれないが、世界が分裂していると考えると、「観測した瞬間に、なぜひとつの現実に決まるのか」ということは理解しやすくなる。

物理学者の間で一般的に支持されているわけではないものの、量子コンピューターの原理を考えた一人であるデイヴィッド・ドイッチュをはじめ、多世界解釈の熱狂的な支持者は一定数存在する。ドイッチュによると、量子コンピューター（量子ゲート型）の計算速度が速いのは、多世界を使って計算しているからであり、量子コンピューターができれば多世界が存在することの証明になる、という。

この多世界解釈が正しいならば、一瞬一瞬で分裂していくわけだから、世界は無数に存在しているようなものだ。パラレルワールドが無数に存在しているようなものだ。

今この瞬間も、次の一文に何を書くかを選ぶときに世界は分裂していき、こう書いた世界とこう書かなかった世界で分かれ、こう書いた世界を歩むことになった自分は、こう書かなかった世界のことは知ることができない。

そう考えると、分裂して無限に生まれていくそれぞれの世界に無限の自分がいることになる。同じようなことを考えている自分もいれば、ちょっと違うことを考えている自分もいて、姿形がまったく一緒の自分もいれば、まったく違う自分もいたり、髪の毛が一本だけ少ない自分もいたり、グラデーションのようにちょっとずつ違う自分が連続的に存在することになる。

すべてのあり得る可能性がそれぞれの世界で全部実現するわけだから、この世界で叶えられなかった夢が叶っている世界もあるだろう。逆に、とんでもない自分になっている世界もあるかもしれない。

ただし、一旦世界が分かれると、別の世界と接点をもつことはできないと考えられている。なぜなら、多世界解釈が正しければ無数の宇宙が存在するはずなのに、一切観測されていないからだ。

そうすると、どんなにがんばっても観測することはできず、その存在を証明することはできない。しかし、だからといって無数の宇宙に無数の自分がいる可能性が否定されたわけではない。

まとめ

◉観測した瞬間に世界が分裂し、ひとつの選択肢に決まった世界しか認識できなくなる

◉この多世界解釈が正しければ、無数のパラレルワールドが存在し、それぞれの世界で無数の自分が別の人生を歩んでいる

51 宇宙のはじまりも量子論で語られる

宇宙のはじまりと聞けば、「ビッグバン」を連想する人は多いだろう。宇宙の初期は熱い火の玉のような状態からはじまったというのが、ビッグバンだ。このことは、ほぼ正しいものとして確立されている。では、どうして熱い宇宙ができたのかということを説明するひとつの方法が、「インフレーション」だ。

インフレーションとは膨張という意味で、宇宙論では、宇宙のはじまりに近い頃、急膨張して宇宙が大きく膨れ上がったことを指す。よく誤解されるのだが、インフレーション（急膨張）が起こったあとに、ビッグバンと呼ばれる熱い火の玉のような宇宙になったというのが正しい順番である。

ただし、インフレーションが実際に起こったかどうかはまだ明らかになっていない。それを解明するカギを握るのが、「重力波」だ。重力波とは、時空のゆがみが光速で伝わるもので、アインシュタインの一般相対性理論でその存在が予言され、2015年に初めて見つかった（発表されたのは2016年）。

インフレーションが起こって宇宙が急膨張したならば、重力波が作られると現在は考えられている。なおかつ、重力波はほとんどの物を通り抜けられ、物質のあるなしにかかわらず空間を伝わってくる。そのため、インフレーションが正しいならば、インフレーションの最中にできた重力波が空間を伝わって、弱いながらもこの宇宙に満ち溢れているはずだ。

インフレーションによってできた重力波はどのような波であるべきかということはコンセンサスが取れているので、その宇宙初期にできた重力波が見つかれば、インフレーションがあったことをほぼ証明することができる。


さて、前置きが長くなったが、インフレーションが正しいことがわかったとしても、これは真のはじまりではない。宇宙の真のはじまりは、時空間ができたときだ。何もないところから時空ができ、宇宙が誕生したと考えられているが、一体どうやってできたのかは究極の謎である。

その謎を解き明かす理論として期待されているのが量子論だ。量子の不思議なふるまいのひとつである「トンネル効果」を覚えているだろうか。箱の中に小さな粒子を閉じ込めると、普通に考えたら箱から出られないはずなのに、波のようにもふるまうため箱の外にひょっこり出てくることもあるという現象だ。トンネルを掘って外に出ているように見えるので、トンネル効果と呼ばれる。

この現象を外から見ると、あたかも何もないところに粒子がぽこっと生まれ出てきたように思える。それと同じ原理で、宇宙も何もないところから時空間ができたのではないか、という説がある。これを提唱したのがあの有名なスティーヴン・ホーキングらで、「無からの宇宙創成」といわれている。

ただし、あくまでも仮説であって、確立された理論ではない。無からの宇宙創成が言われはじめたのは80年代から90年代にかけてなので、30年もの時間が経っているのだが、今なお確立していないのは量子論と一般相対性理論が相いれないからだ。

量子論はミクロな世界を記述するものと書いたが、ミクロな世界ほど量子論の効果が大きく出るという話で、普遍的な理論である。私たちの身の回りの現象にもちゃんと適用できる。ただ、私たちの身の回りの現象であればニュートン力学がほぼ正確に成り立つので、量子論を持ち出すまでもないというだけの話だ。一般相対性理論も同じで、重力が大きく働く場所ほど、マクロな世界ほど効果は大きくなるが、私たちの身の回りの現象も正しく説明してくれる。

ただ、量子論と一般相対性理論の相性が悪いのだ。宇宙のはじまりは時空ができたときだが、時間と空間は一般相対性理論で説明されている。しかし、量子論で一般相対性理論を扱えないため、時空が量子論的に出てきたのではないかという話も、「可能性がある」というだけで、正しいかどうかはいまだにはっきりしない。

「宇宙がどうやってはじまったのか」も究極の謎だが、量子論と一般相対性理論を融合し、この世の中のありとあらゆることをひとつの理論で説明できるようにするということも、物理学がめざす究極の目標だ。

まとめ

◉宇宙のはじまりは、量子論のトンネル効果が働き、何もないところに時空間がぽこっとできたのではないかと考えられている

◉量子論と相対性理論が相いれないため、証明は難しい

【参考文献】

『「量子論」を楽しむ本』佐藤勝彦（ＰＨＰ研究所）
『みるみる理解できる相対性理論　増補第3版（ニュートン別冊）』（ニュートンプレス）
『量子論　増補第4版（ニュートン別冊）』（ニュートンプレス）
『ウォール街の物理学者』ジェイムズ・オーウェン・ウェザーオール（早川書房）
『ザ・クオンツ　世界経済を破壊した天才たち』スコット・パタースン（角川書店）
『目に見える世界は幻想か？』松原隆彦（光文社）
『宇宙に外側はあるか』松原隆彦（光文社）
『宇宙はどうして始まったのか』松原隆彦（光文社）
『図解　宇宙のかたち』松原隆彦（光文社）
『私たちは時空を超えられるか』松原隆彦（ＳＢクリエイティブ）

おわりに――この宇宙は、人間が生まれるようにできている？

物理学というのは、あらゆることの根底にある基本的な原理を見つけ出し、世の中で起こっているあらゆる現象を説明しようとする学問である。そうやって根本へ根本へと突き詰めていった先には、「実験の結果、そうなっているから」としか言いようがない、理由のないルールに行き当たる。

たとえば、重力の強さは非常に弱いのだが、「なぜ、この強さなのか」に理由はない。光のスピードにしてもそうだ。光の速度はいつでも一定で、秒速約30万キロメートルであることはわかっているが、なぜその値なのかはわからない。電子の重さや電子の電荷の強さにしてもそうだ。世の中のさまざまなものが理由はないけれど、ある特定の値に決まっている。

しかし、たとえば電子の電荷が今の値とちょっとでも違っていたら、どうなっていただろうか。まず、今よりも強かったら原子はもっと小さくなっていただろうし、ちょっとでも弱かったら原子はもう少し大きくなっていただろう。そうすると、人間の姿形も体の動きも今とはだいぶ違っていたはずだ。そもそも電子の電荷が今よりも強すぎたり弱すぎたりすれば、うまく星が進化せず、この宇宙はずいぶん様相の違ったものになって、人間は生まれてこなかったかもしれない。

この宇宙は、「そうなっているから」としか言いようのないさまざまな値が絶妙なバランスで調整されている。

普通に考えれば、宇宙がこのような法則になっているから、それに適応する形で生命が進化し、人間が生まれてきたと思うだろう。しかし、そうではなく、「人間ができる」という条件を満たすように、この宇宙が作られているのではないか、と言い出したのが、ブランドン・カーターという物理学者だ。こうした考え方を「人間原理」という。

人間原理には大まかに2種類があり、ひとつは、すでに述べたような「この宇宙は、人間が生まれるようにできている」という考え方で、「強い人間原理」と呼ばれている。

もうひとつは、「弱い人間原理」と呼ばれるもので、もう少しソフトな人間原理だ。この宇宙の年齢は、今およそ138億年だが、100億年前後でなければ、おそらく人間は存在しなかっただろう。なぜなら、宇宙の初期には水素とヘリウム以外の元素は存在しなかったわけだが、たとえそこで惑星ができたとしても、水素とヘリウムしかないような環境では、まず生命が生まれない。人間が生まれ、生きていくためには炭素と酸素をはじめ、さまざまな元素が必要だ。

宇宙ができ、最初にできた星のなかで炭素や酸素などができ、その星が爆発して、炭素や酸素などが宇宙空間にばらまかれ、それらが再び集まって太陽ができ、そのまわりに惑星ができて初めて、炭素や酸素、鉄といったさまざまな元素に囲まれた、生命が生きていける環境になる。だから、少なくとも1回は星ができて、それが爆発して、宇宙空間にまき散らされた多様な元素をもとに太陽系と地球ができるのを待たなければ、人間が生まれるような環境にはならない。

それにはざっと100億年の年月を要する。ただし、100億年を大きく過ぎれば、今度は星が輝くための燃料――星は水素が核融合をすることで光っている――がなくなり、太陽のような星は燃え尽き、太陽の代わりとなる新しい星もできなくなる。そうすれば、太陽の恩恵を受けている地球も、生命活動ができる環境ではなくなる。太陽はあと50億年ほどしか輝かないといわれており、その後にできた星も、数百億年も経つと明るく輝かなくなるだろう。

ということは、100億年を大きく超えても大きく下回っても人間は生まれなかった。この宇宙の年齢がなぜ138億年なのかと言えば、100億年前後でなければ人間が生まれ、生きられなかったからではないか——。

こうした考え方を、弱い人間原理という。弱い人間原理のほうは、常識的な考え方なので、疑問を差し挟む余地はない。しかし、強い人間原理のほうは、科学として正しいのかどうか、大きな議論を呼んでいる。


「人間が存在することを自然現象の説明に使うなどけしからん」というのが、少し前までは大半の科学者の共通した反応だった。しかし、見る人によって時間と空間は異なるという相対性理論、人間が観測することで波のように曖昧な存在だったものが粒という確かな存在に変わるという量子論を思い返せば、「観測者=人間」の存在を無視して世界を考えることはできない。

さらに、量子論の多世界解釈を思い出してほしい。もしも宇宙がたくさんあるとすれば、強い人間原理も不思議ではなくなる。宇宙ができたときから、どんどん分裂していって無数の宇宙があるとすれば、ほとんどの宇宙は人間にとって都合が悪くとも、そのなかのひとつであるこの宇宙が、人間が生まれるようにさまざまな値が微調整されていたとしても不思議ではないからだ。

もっと言えば、「人間が宇宙を観測したから、この宇宙が存在できるようになった」という考えまで出てきている。そう主張したのは、ジョン・ホイーラーという相対性理論でも量子論でも素晴らしい業績を上げた著名な物理学者だ。ブラックホールの名付け親としても知られている。

彼は、物を観測すること、認識すること自体がこの世界全体をつくりだしている、つまりは脳に入ってくる情報自体が世界の本質なのだと考えた。そうすると、人間をはじめとした知能をもつ生命体がいること自体が、その宇宙の本質であるということになる。

彼の考えが正しいならば、一人ひとり、あるいは一匹一匹で世界は違っているのかもしれない。私には私の世界があり、あなたにはあなたの世界があり、あの犬にはあの犬の世界が、この猫にはこの猫の世界があるのかもしれない。

なんとも奇妙な話だが、夢が膨らむ話だ。

ニュートン以来の物理学は、世の中の仕組み、世の中で起こるさまざまな現象を説明してきた。しかし、どうやって宇宙は生まれたのか、宇宙はひとつなのか、私たちの目には見えないミクロな世界では本当は何が起こっているのか、世の中のあらゆる現象を説明する唯一の法則はあるのか——など、まだまだ結論が出ないことも多い。

そうした未知の世界に思いを馳せてみるのも楽しいものである。この本がそんなきっかけになったら幸いだ。

松原隆彦（まつばら・たかひこ）

高エネルギー加速器研究機構、素粒子原子核研究所・教授。博士（理学）。京都大学理学部卒業。広島大学大学院博士課程修了。東京大学、ジョンズホプキンス大学、名古屋大学などを経て現職。主な研究分野は宇宙論。日本天文学会第17回林忠四郎賞受賞。著書は『現代宇宙論』（東京大学出版会）、『宇宙に外側はあるか』（光文社新書）、『宇宙の誕生と終焉』（SBクリエイティブ）など多数。

文系でもよくわかる
世界の仕組みを物理学で知る

2019年3月1日　初版第1刷発行
2021年7月20日　初版第3刷発行

著　者　松原隆彦
発行人　川崎深雪
発行所　株式会社 山と溪谷社
〒101-0051
東京都千代田区神田神保町1丁目105番地
https://www.yamakei.co.jp/

印刷・製本　大日本印刷株式会社

◆乱丁・落丁のお問合せ先
山と溪谷社自動応答サービス
電話 03-6837-5018
受付時間／10：00～12：00、13：00～17：30
（土日・祝日を除く）
◆内容に関するお問合せ先
山と溪谷社
電話 03-6744-1900（代表）
◆書店・取次様からのお問合せ先
山と溪谷社 受注センター
電話 03-6744-1919　FAX 03-6744-1927

乱丁・落丁は小社送料負担でお取り換えいたします。

Printed in Japan
ISBN978-4-635-13010-3

編集　高倉 眞
　　　橋口佐紀子
デザイン　松沢浩治（DUG HOUSE）
本文イラスト　ガリマツ
校正　中井しのぶ